原発再稼働と海

湯浅一郎

緑風出版

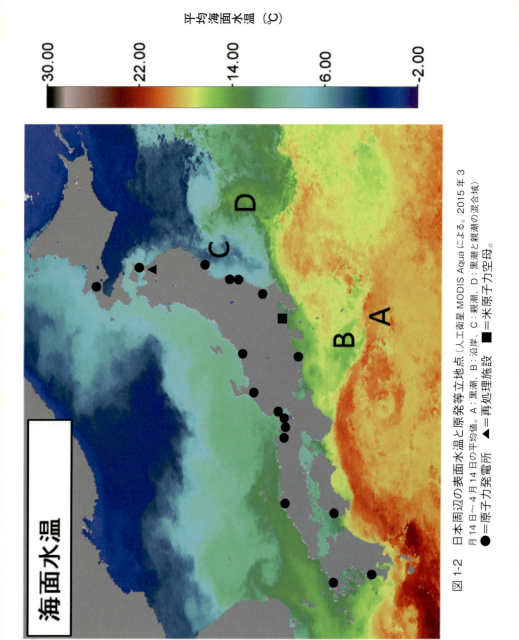

図1-2 日本周辺の表面水温と原発等立地点（人工衛星 MODIS Aqua による。2015年3月14日〜4月14日の平均値。A：黒潮、B：沿岸、C：親潮、D：黒潮と親潮の混合域）
● ＝原子力発電所　▲＝再処理施設　■＝米原子力空母。

図 3-3-3 ランドサット衛星画像による河川水拡散(浜岡)

図 2-1 福島第1原発事故による地表面におけるセシウム沈着量

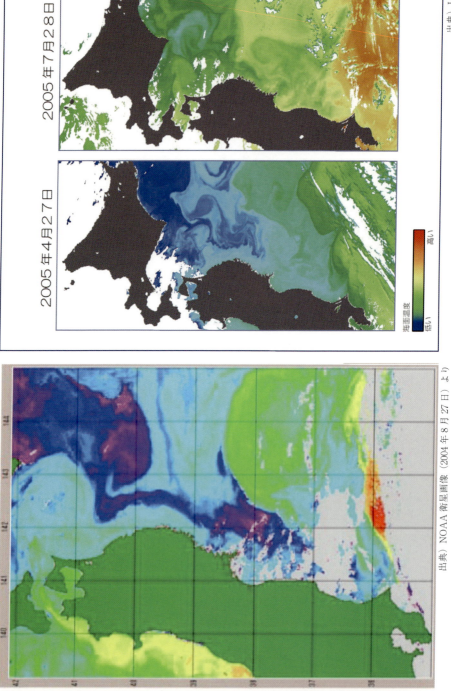

出典：NOAA 衛星画像（2004年8月27日）より

図 5-2-4 東北海区の水温分布 (2004年8月27日)

出典：JAXA より

図 5-3-3 衛星画像から見た水温分布の春と夏の比較

はじめに

　2011 年 3 月 11 日に起きた、東北海区の地下を震源とした東日本大震災と、それに伴う東京電力福島第 1 原発事故から丸 5 年が経過した。福島第 1 原発では、未だに溶融した燃料の所在が不明のまま廃炉作業が進められているが、冷却に伴い発生する放射能汚染水の流出は、今も続いている。そうした中、政府は、福島事態が提起している本質的な課題を置き去りにしたまま、原発の再稼働と輸出をセットにして、従来の路線に戻ろうと躍起になっている。果たして、これで良いのかと憂いている人は多いと思われるが、これがいかに愚かな行為であるかを、様々な角度から明確にしておく作業が必要であろう。

　福島事故から 4 年強になる 15 年 4 月、高浜、川内原発の運転差し止めを求める仮処分につき、全く異なる決定が相次いだ。14 日、福井地裁は、高浜原発の運転差し止めに関する仮処分につき運転差し止めを命じた。これは、日本の原発訴訟で初めてのことであり、原子力規制委員会の規制基準の不当性にも触れる画期的な決定であった。他方、22 日、鹿児島地裁は、川内原発の運転差し止めを求める仮処分について住民敗訴の決定を下した。そして、15 年 8 月 11 日、川内原発 1 号機は再稼働し、9 月 10 日には営業運転を再開した。2 号機も 11 月 15 日には再稼働した。10 月 26 日には愛媛県知事が伊方原発 3 号機の再稼働を容認した。更に 12 月 22 日には福井県知事が高浜原発 3、4 号機の再稼働を容認し、16 年 1 月 29 日、3 号機、2 月 26 日、4 号機とあっさり再稼働してしまった。しかし攻防はまだ残っていた。3 月 9 日、今度は、大津地裁が、隣県である滋賀県民 29 人による高浜 3、4 号機の運転停止を求める仮処分を認め、運転差し止めの仮処分決定を下したのである。関西電力は異議を申し立てたが、当面、3、4 号機の運転はできないこととなった。

　福島事態を踏まえて、司法の判断が分かれ、また迷いを見せる時代が始まっている。事故以前は、司法において国の言い分を否定するような決定

1

は絶対といっていいほど出ないことが続いてきたことからすれば大きな変化である。とはいえ、再稼働の波は全国に波及する勢いであることに変わりはないが、高浜原発の仮処分を巡る攻防は、当事者とは何かを明確に問うている。少なくとも原発の脅威が県境を超えて存在することを含めて再稼働の是非を問い、大津地裁はその影響を認めたのである。

　国は、「原子力災害対策指針」（2013年9月）により、原子力災害対策重点区域の1つである「緊急時防護措置を準備する区域」（ＵＰＺ）として「原子力施設から概ね30km」圏内を目安に避難計画の策定を自治体に義務付けている。これは、少なくとも30km圏内の自治体は、被害者としては原発の当事者であることを政府として認めていることを意味する。そうであれば、それらの自治体は、原発の再稼働に対しても当事者として意見を述べ、決定に関与する権利があるはずである。逆に政府は、30km圏内のすべての自治体の合意を得て初めて、再稼働への地元の了解が得られたものと考えるべきで、そのように法律を整えるべきである。しかるに川内原発の再稼働に関しては、薩摩川内市と鹿児島県知事が容認の立場を取ったということだけで、30km圏の他の自治体の同意が得られているわけでもないのに、再稼働が既成事実のごとく容認されたのである。立地市町村と県知事だけが当事者であるかの流れは、福島事故以前と何ら変わらない。

　しかし交付金や諸々の財政出動により、財政が原発依存に浸かってしまっている自治体だけが当事者性を持つとすれば、当面の生き残りのために選択の結果が再稼働に傾くことは目に見えている。

　そもそも30km圏内の避難計画を策定するだけで福島の事態の経験を踏まえたことになるのであろうか。福島原発立地点から飯舘村へかけた一帯で、当初、15万人を超える人々が故郷を追い出される事態となり、それがまず第1番目に大きな影響であることに異論はない。しかし、事故の影響は、これに加えて、一次産業の破壊をはじめ、様々な形で人々の暮らしと生き方を強制的に変更してきた。何よりも、あらゆる生命の生息環境の隅々に放射能汚染をもたらしたことこそ最大の問題である。

　福島第1原発の事故により、大事故は起こりうるという認識は、原発の是非に関する考え方に関係なく、共有されていることになっている。それが本当なのかどうか疑わしい面はあるが、ここでは、それを前提としよ

う。そうであるなら、再稼動を言う前に、日本列島にある原子力施設が福島並みの事故を起こした場合、山、川、湖、そして海の汚染について個々の立地点ごとにいかなる事態が起こりうるのかを客観的に評価しておくことが最低限、求められる。

　そこで本書では、第3〜5章で日本列島に存在する17サイトの原発、六ヶ所再処理工場、更に横須賀に配備されている米原子力空母の原子炉が大事故を起こした場合、いかなる事態になるのかにつき、とりわけ海への影響という観点から考える。各節ごとに似通った論旨が繰り返し出てくる側面はあるが、個々の原発ごとに独立したまとまりをつけるために、あえてそのようにしていることをお断りしておきたい。その上で、福島事態を経験した今、環境汚染という側面から、何を以って当事者性を言うべきなのかを提起したい。その判断材料を提供することが本書の第1の目的である。

　第2に、福島事態の経験を踏まえ、日本列島に核施設を設置する適地は存在しないことを示したい。再稼働を巡って最も重要なことは、再稼働とは何をすることかを認識することである。原発を動かすということは、核分裂の連鎖反応を起こすことである。従って、電気を作ると同時に、発生した熱量の3分の2を海に捨て、燃料棒の中に核分裂生成物としての「死の灰」を日々、新たに生み出すことを意味する。そうでなくとも、原発の各サイトには、処理の見込みもないまま、大量の使用済み燃料が一時貯蔵されている。再稼働により生み出される死の灰は、それらに上乗せされるものとなる。増える一方の「死の灰」の一部が環境中に放出されれば、環境の隅々を汚染する。

　拙著『海の放射能汚染』で私は、福島事態で放射能が放出された海は、世界三大漁場の1つであり、そのようなロケーションに核施設を並べ立ててきた国策の罪を断罪した。それと同じことが、他のサイトにも当てはまるのではないか。日本列島周辺の海は、世界三大漁場としての三陸・常磐の海だけでなく、どこも生物多様性に富み、豊かな漁場を備えており、それをもたらしているのは海流や変化に富む地形であることを、個々の原発ごとに見ていきたい。

2016年3月11日

目　次　原発再稼働と海――日本列島に原発立地の適地なし――

はじめに　1

第1章　日本列島周辺の海と原発　15
1　地形的背景と物理・化学的特性 ································ 16
2　生物多様性に富む海 ··· 19
3　多様な海流系と豊かな漁場 ····································· 22
4　主要魚種の生活史と海流 ·· 26
5　どの原発も豊かな海に面している ···························· 28

第2章　福島事態から見えること　33
1　海へ影響をもたらす4つのプロセス ························· 34
1　大気からの降下　35
2　原発から海への直接的な漏出　35
3　陸への降下物の河川・地下水による海への輸送　36
4　海底からの溶出や巻き上がり　37
2　海洋環境への影響 ··· 37
1　海水　37
2　海底土　40
3　海・川・湖の生物への影響 ····································· 42
1　海の生物汚染　42
2　川・湖の生物汚染　44
3　生理的、遺伝的影響と生態系への影響　46

第3章　東シナ海、太平洋岸、瀬戸内海の原発　49
1　川内原発－太平洋と日本海の双方の海を汚染－ ··········· 50
1　川内原発で福島のような事態が起きたら　50
2　海へ影響をもたらす4つのプロセス　51
1　大気からの降下　51
2　原発から海への直接的な漏出　52

3　陸への降下物の河川・地下水による海への輸送　52
　　4　海底からの溶出や巻き上がり　52
　3　海洋環境への影響　52
　　1　海水　52
　　2　海底土　57
　4　海・川・湖の生物への影響　57
　　1　海の生物汚染　57
　　2　川・湖の生物汚染　58

2　玄海原発 − 対馬暖流が放射能を日本海一帯に輸送 − ……… 59
　1　玄海原発で福島のような事態が起きたら　59
　2　海へ影響をもたらす4つのプロセス　59
　　1　大気からの降下　59
　　2　原発から海への直接的な漏出　61
　　3　陸への降下物の河川・地下水による海への輸送　61
　　4　海底からの溶出や巻き上がり　62
　3　海洋環境への影響　62
　　1　海水　62
　　2　海底土　64
　4　海・川・湖の生物への影響　64
　　1　海の生物汚染　64
　　2　川・湖の生物汚染　65

3　浜岡原発 − 駿河湾、相模湾、東京湾の汚染が深刻 − ……… 66
　1　浜岡原発で福島のような事態が起きたら　66
　2　海へ影響をもたらす4つのプロセス　66
　　1　大気からの降下　66
　　2　原発から海への直接的な漏出　68
　　3　陸への降下物の河川・地下水による海への輸送　69
　　4　海底からの溶出や巻き上がり　69
　3　海洋環境への影響　69
　　1　海水　69
　　2　海底土　71

4　海・川・湖の生物への影響　72

　　　1　海の生物汚染　72

　　　2　川・湖の生物汚染　73

4　伊方原発－瀬戸内海文化圏を破壊する－ ································· 73

　　1　伊方原発で福島のような事態が起きたら　73

　　2　海へ影響をもたらす4つのプロセス　74

　　　1　大気からの降下　74

　　　2　原発から海への直接的な漏出　76

　　　3　陸への降下物の河川・地下水による海への輸送　76

　　　4　海底からの溶出や巻き上がり　77

　　3　瀬戸内海の特徴　77

　　4　海洋環境への影響　79

　　　1　海水　79

　　　2　海底土　81

　　5　海・川・湖の生物への影響　82

　　　1　海の生物汚染　82

　　　2　川・湖の生物汚染　83

5　横須賀にいる米原子力空母
　　－福島事故後、日本列島で唯一稼働していた原子炉－ ···· 85

　　1　米原子力空母で福島のような事態が起きたら　85

　　2　海へ影響をもたらす4つのプロセス　86

　　　1　大気からの降下　86

　　　2　空母から海への直接的な漏出　88

　　　3　陸への降下物の河川・地下水による海への輸送　88

　　　4　海底からの溶出や巻き上がり　89

　　3　海洋環境への影響　89

　　　1　海水　89

　　　2　海底土　91

　　4　海・川・湖の生物への影響　92

　　5　平常時における放射性液体・気体の放出　93

　　　1　液体処理タンクから放射性液体を放出　93

2　放射性気体の大気への放出　97

3　外務省、事実を認めたが……　98

4　ＥＥＺ内の危険行動を禁止せよ　99

第4章　日本海の原発　101

1　島根原発－対馬暖流が放射能を青森・北海道まで輸送－ … 102

1　島根原発で福島のような事態が起きたら　102

2　海へ影響をもたらす4つのプロセス　104

1　大気からの降下　104

2　原発から海への直接的な漏出　104

3　陸への降下物の河川・地下水による海への輸送　105

4　海底からの溶出や巻き上がり　105

3　海洋環境への影響　105

1　海水　105

2　海底土　106

4　海・川・湖の生物への影響　106

1　海の生物汚染　106

2　川・湖の生物汚染　108

2　若狭湾の原発（高浜・大飯・美浜・敦賀）
　－懸念される集中立地の弊害－ ……………………………… 109

1　若狭湾の原発で福島のような事態が起きたら　109

2　海へ影響をもたらす4つのプロセス　110

1　大気からの降下　110

2　原発から海への直接的な漏出　116

3　陸への降下物の河川・地下水による海への輸送　116

4　海底からの溶出や巻き上がり　117

3　海洋環境への影響　117

1　海水　117

2　海底土　119

4　海・川・湖の生物への影響　119

1　海の生物汚染　119
　　2　川・湖（琵琶湖など）の生物汚染　120

3　志賀原発−対馬暖流とリマン海流の出会う海を汚染−　122
　1　志賀原発で福島のような事態が起きたら　122
　2　海へ影響をもたらす4つのプロセス　124
　　1　大気からの降下　124
　　2　原発から海への直接的な漏出　124
　　3　陸への降下物の河川・地下水による海への輸送　124
　　4　海底からの溶出や巻き上がり　125
　3　海洋環境への影響　126
　　1　海水　126
　　2　海底土　126
　4　海・川・湖の生物への影響　126
　　1　海の生物汚染　126
　　2　川・湖の生物汚染　128

4　柏崎刈羽原発−世界最大規模の集中立地の脅威−　128
　1　柏崎刈羽原発で福島のような事態が起きたら　128
　2　海へ影響をもたらす4つのプロセス　130
　　1　大気からの降下　130
　　2　原発から海への直接的な漏出　130
　　3　陸への降下物の河川・地下水による海への輸送　130
　　4　海底からの溶出や巻き上がり　131
　3　海洋環境への影響　131
　　1　海水　131
　　2　海底土　132
　4　海・川・湖の生物への影響　132
　　1　海の生物汚染　131
　　2　川・湖の生物汚染　135

5　泊原発−スケトウダラなどの産卵場を直撃−　135
　1　泊原発で福島のような事態が起きたら　135

2　海へ影響をもたらす4つのプロセス　137

1　大気からの降下　137

2　原発から海への直接的な漏出　137

3　陸への降下物の河川・地下水による海への輸送　137

4　海底からの溶出や巻き上がり　138

3　海洋環境への影響　138

1　海水　138

2　海底土　139

4　海・川・湖の生物への影響　139

1　海の生物汚染　139

2　川・湖の生物汚染　140

第5章　三陸から常磐沿岸の原発　141

1　東通原発・六カ所再処理工場

　　－世界三大漁場の本体を汚染する－ ················· 142

1　東通原発で福島のような事態が起きたら　142

2　海へ影響をもたらす4つのプロセス　143

1　大気からの降下　143

2　原発などから海への直接的な漏出　144

3　陸への降下物の河川・地下水による海への輸送　144

4　海底からの溶出や巻き上がり　146

3　海洋環境への影響　146

1　海水　146

2　海底土　149

4　海・川・湖の生物への影響　149

1　海の生物汚染　149

2　川・湖の生物汚染　149

2　女川原発

　　－三陸沖から仙台湾など世界三大漁場の中心部を汚染－ ···· 150

1　女川原発で福島のような事態が起きたら　150

2　海へ影響をもたらす4つのプロセス　150

　　1　大気からの降下　152

　　2　原発から海への直接的な漏出　152

　　3　陸への降下物の河川・地下水による海への輸送　152

　　4　海底からの溶出や巻き上がり　152

　3　海洋環境への影響　153

　　1　海水　153

　　2　海底土　154

　4　海・川・湖の生物への影響　155

　　1　海の生物汚染　155

　　2　川・湖の生物汚染　155

3　福島第2原発－汚染は季節や年により大きく変動－ ……… 156

　1　福島第2原発で福島のような事態が起きたら　156

　2　海へ影響をもたらす4つのプロセス　156

　　1　大気からの降下　156

　　2　原発から海への直接的な漏出　158

　　3　陸への降下物の河川・地下水による海への輸送　158

　　4　海底からの溶出や巻き上がり　158

　3　海洋環境への影響　159

　　1　海水　159

　　2　海底土　160

　4　海・川・湖の生物への影響　160

　　1　海の生物汚染　160

　　2　川・湖の生物汚染　161

4　東海第2原発－周囲に人口の多い市が集中－ ……………… 161

　1　東海第2原発で福島のような事態が起きたら　161

　2　海へ影響をもたらす4つのプロセス　162

　　1　大気からの降下　162

　　2　原発から海への直接的な漏出　162

　　3　陸への降下物の河川・地下水による海への輸送　164

4　海底からの溶出や巻き上がり　164

　3　海洋環境への影響　164

　　1　海水　164

　　2　海底土　165

　4　海・川・湖の生物への影響　165

　　1　海の生物汚染　165

　　2　川・湖の生物汚染　166

第6章　環境汚染が影響する自治体・住民はすべて当事者　167

　1　宇宙が作る海の豊かさ ……………………………………………… 168

　2　個々の原発事故による海・川・湖への影響 ……………………… 171

　　1　川内原発　171

　　2　太平洋側の原発　172

　　3　日本海側の原発　175

　　4　内海にある伊方原発と米原子力空母　176

　　5　川・湖の汚染　178

　3　改めて福島第1原発事故から考える ……………………………… 178

　4　30km目安の防災計画では被害を過小評価 …………………… 181

あとがき　183

資料：主要魚種の分布・回遊と生活史　189

　　1　日本列島全域に関わる魚種　190

　　2　東シナ海から日本海に関わる魚種　210

　　3　太平洋・日本海北部から北海道に関わる魚種　214

　　4　瀬戸内海に関わる魚種　222

第1章　日本列島周辺の海と原発

福島事態で放射能が流入した海は世界三大漁場という、世界的にも特別
の意味を持つ海であった。しかし、福島原発だけが特別な場所に有るわけ
ではない。日本の原発は、復水器冷却水として海水を使用する関係から、
すべて海沿いに立地している。その結果、すぐ目の前には豊かな海があ
る。本書では、全国の原発で過酷事故が起きたとき、海にいかなる影響を
もたらすことになるのかを見ていくが、まず日本列島周辺の海がいかに豊
かで、それを産み出しているものは何かなどに関する一般的な特徴を概観
する。

1　地形的背景と物理・化学的特性

　第1の特徴は、海底や海岸地形が多様で、そのことが生物多様性と豊か
な海を生み出していることである。日本列島は、北太平洋の北西部に位
置し、北緯20°30〜45°30、東経123°〜150°の範囲にある。四方を太平
洋、オホーツク海、日本海及び東シナ海に囲まれ、北海道、本州、四国、
九州、沖縄本島のほか6,000余の大小さまざまな島々で構成されており、
海岸線の長さは約3万kmになる。日本の排他的経済水域（以下、EEZ[※1]）
は、ほぼ北緯17°から48°、東経122°から158°の範囲にある。陸域の面積
は37.8万平方キロメートルと小さいが，周辺の領海及びEEZの面積は約
447万平方キロメートルあり、陸域の約12倍にもなる。国土面積は世界
第61位にとどまるが、EEZ等の面積では世界第6位の広さなのである（表
1-1）[※2]。またＥＥＺ内における水深1000mごとの面積をみると，各水深帯
の面積がほぼ等しい割合であることも、海底地形の多様性を示唆してい
る。
　ユーラシア大陸の東の縁にある日本列島周辺は4枚のプレートがぶつか
り合う場所に位置する。4枚のプレートとは，ユーラシアプレート、北米

[※1]　ＥＥＺは、国連海洋法条約第5部・第56条で、「沿岸国は、自国の基線から200
　　　海里内においてＥＥＺを設定することができ、天然資源（生物か非生物かを問
　　　わない）などの主権的権利、ならびに人工島などの設置、海洋環境の保護及び
　　　保全に関する管轄権を有する」と規定されている。
[※2]　水産庁；「我が国周辺の漁場と水産資源」。
　　　http://www.jfa.maff.go.jp/j/kikaku/wpaper/h22_h/trend/1/t1_1_2_1.html

16　　　第1章　日本列島周辺の海と原発

表 1-1　排他的経済水域等の面積と国土面積

	国　名	排他的経済水域等の面積	国土面積順位	世界の漁獲量の割合（順位）[2008年]
1位	米国	762万km^2	4位	4.8%　（5位）
2位	オーストラリア	701万km^2	6位	0.2%　（61位）
3位	インドネシア	541万km^2	15位	5.5%　（3位）
4位	ニュージーランド	483万km^2	74位	0.5%　（33位）
5位	カナダ	470万km^2	2位	1.0%　（22位）
6位	日本	447万km^2	61位	4.8%　（4位）

プレート、太平洋プレート、フィリピンプレートである。東太平洋の海膨で形成された太平洋プレートは、日本側に移動し、一部は日本海溝や千島海溝で北米プレートの下に沈み込む。フィリピンプレートの北西部は南海トラフや南西諸島（琉球）海溝でユーラシアプレートの下に沈み込む。プレートの沈み込みにより海溝等が形成され、水深が大きく変化し、複雑な海底地形となっている。大陸棚や内海などの浅い海は一部分しかなく、日本のEEZの大部分は深海域である。陸上でみれば、ユーラシアプレートと太平洋プレートの境界が糸魚川・静岡構造線であり、群馬から長野、紀伊半島、四国を経て大分に至る中央構造線がユーラシアプレートとフィリピンプレートの境界にあたる。これらの大規模な断層線の存在は、明治初めの1880年代には分かっていたが、それがマントルの動きと関連したプレート・テクトニクスとして説明されるようになったのは、1960年代後半になってからのことである。

　平均的な深さでは、東シナ海は300m程度と浅いが、日本海及びオホーツク海は1700m前後、太平洋は4200m程度である。太平洋側は、本州から南にかけての日本海溝及び伊豆・小笠原海溝や、九州から沖縄にかけての南西諸島海溝（琉球海溝）等、4000～6000m以上の深みへと落ち込む非常に急峻な地形となっている。また、日本海には日本海盆、オホーツク海には千島海盆など水深2000m程度の比較的大きな盆地がある。日本周辺の海底地形は全体的に海溝やトラフが多数ある窪地地形が優占している。

海は、上から眺めただけではわからないが、常にほぼ一定の方向に向かって流れているところがある。それを海流という。日本近海の主な海流は、暖流の黒潮と対馬海流、寒流の親潮とリマン海流である。黒潮は東シナ海から日本列島の太平洋側を南西から北東へと流れる太平洋で最大の海流である。流速は場所により大きく変化し、毎秒50〜250cm、流量は毎秒5000万トンといわれる。対馬海流は、奄美大島の西方沖で黒潮から枝分かれし日本海に流れ込む暖流で、黒潮の一部と考えてよい。親潮は、太平洋側を北海道沖から本州にかけて南下する寒流である。流速は毎秒20cm程度で、流量は黒潮に比べはるかに小さい。なお海流については、漁場形成との関係で本章の最後でもう一度、詳しく触れる。

　表面水温は夏季が最も高く、冬季が最も低くなり、季節に応じて大きく変化する。気候は、オホーツク海や東部北海道沖が含まれる亜寒帯から、温帯である本州、琉球列島、小笠原諸島の南部が含まれる亜熱帯まで幅広い。

　こうした変化に富む地形や海流系、気候を背景として、日本近海にはそれぞれの環境に応じて様々なタイプの海洋生態系が形成されている。北には冬季に流氷で覆われるオホーツク海があり、海氷による独特の環境が形成される。南には琉球列島や小笠原諸島に代表されるサンゴ礁の生態系がある。暖流である黒潮は、南方から多くの生物を運び、海洋生物の産卵場、餌場、幼稚仔魚の育成の場となっている。特に房総半島から下北半島沖までの黒潮と親潮が接しあう海域は、多くの魚が集まり世界三大漁場の一つとされる好漁場となっている。日本海側の対馬暖流は表層約200mの厚さで流れ、その下部には低水温で溶存酸素が相対的に多い「日本海固有水」と呼ばれる水塊が存在する。日本海の北緯40度付近には、対馬暖流と寒流であるリマン海流とが接しあう前線帯ができ、暖流・寒流双方の魚が集まる好漁場を形成している。

　陸域と海域が接する水深の浅い沿岸域には、藻場、干潟、サンゴ礁などが分布し、海洋生物の産卵、成育、採餌の場として多様な生息環境を形成している。陸岸から沿岸へと至る遷移領域は生物多様性に富んでいる。潮の満ち引きにより干出と水没を繰り返す「潮間帯」では、高さによって海水に浸る時間が異なるため、それぞれの高さに応じて多様な生物が生息し

ている。また、海水と淡水が混ざる河口域では、塩分濃度の変化が大きいが、それに耐性を持つ生物が多く生息・生育している。内湾に発達する干潟は、餌となる底生生物の量、種数がともに著しく多い。「海のゆりかご」と呼ばれる藻場は、産卵や成育の場として重要な機能を有している。

海では、定着性の生物もいるが、多くの生物がその生活史を通じて広域的に移動している。その主要な要素は、生息の場である水自体が移動することである。カニや貝類など、成体は定着性が強いものでも、卵や幼生時代には海水に浮遊して移動するものが多い。マグロやカツオは地球規模、サンマやサバは日本列島規模など生物により移動する空間的広がりも異なっている。海洋での主な一次生産の担い手は小さな植物プランクトンである。樹木など大型の植物が主な生産者である陸とは著しく異なる。植物プランクトンの寿命は短いため、海洋では一次生産の更新速度が早く、陸のように一次生産者の形で物質が長期間にわたり蓄積されることはない。また、暖流と寒流が接している前線域では、栄養塩類に富んだ冷たい海水が暖かい表層水と混ざって植物プランクトンの生産が促進され、それらを食す多くの生物が集まり、良い漁場が形成される。

2 生物多様性に富む海

ここまで見たように日本近海は、地形、水深帯、水温、海流、気候区分など多様な環境があることにより、生物種の多様性が高いと考えられる。実際、環境省が策定した海洋生物多様性保全戦略[※3]によれば、日本近海には多様な環境が形成されているため、世界に生息する 127 種の海棲哺乳類のうち 50 種（クジラ・イルカ類 40 種、アザラシ・アシカ類 8 種、ラッコ、ジュゴン）、世界の約 300 種といわれる海鳥のうち 122 種、同じく約 1 万 5000 種の海水魚のうち約 25％にあたる約 3700 種が生息・生育するなど、日本近海は種の多様性に富んでいるとされる。

海洋生物の多様性、分布、量の評価については、海洋研究開発機構や京都大、東京大などのチームが 2010 年 8 月 2 日付の米科学誌『プロスワ

※3　環境省（2011 年 3 月）:「海洋生物多様性保全戦略」第 3 章。

ン』に発表した研究報告[※4]がある。この調査は、海洋生物の多様性、分布、量を評価することを目的に 2000 年に組織された国際プロジェクトネットワーク「海洋生物のセンサス」Census of Marine Life（CoML）の一環として行われたもので、日本近海に関する最も包括的な調査と言える。これをもとに、以下、詳しく見てみよう。表 1-2 は、日本近海における海洋生物の出現種数、今後出現する予測種数、推定種数、外来種数の概要を整理したものであるが、これからいくつかの特徴が浮かび上がる。

1）日本近海は生物多様性のホットスポットである。

・日本近海の総出現種数は、バクテリアから哺乳類まであわせると 3 万 3629 種。

・このうち、貝やイカ、タコなどの軟体動物が最も多く 8658 種、次いで節足動物が 6393 種。脊椎動物（魚類）約 3800 種、サンゴやクラゲなどの刺胞動物は約 1900 種、ウニやヒトデなど棘皮動物約 1100 種の順である。

・哺乳類のクジラやイルカなど魚類以外の脊椎動物は約 150 種。

・日本近海の容積は全海洋の 0.9％にすぎないにもかかわらず、日本近海からは全海洋生物種数約 23 万種の 14.6％[※5]が出現しており、世界的に見ても種の多様性が高い。これは、一般に予想されるように日本近海の環境の多様さに起因すると考えられる。

2）日本近海の固有種の数

固有種の総数は、少なくとも 1872 種になる。なかでも有孔虫、魚類、腹足類（巻き貝）に多い。

3）今後、日本近海から出現する予測種数

日本近海から出現するであろう予測種数（未記載種など）の総計は 12 万 1913 種と評価されている。出現種数 3 万 3629 にこの値を加えた種数 15 万 5542 が、現在の日本近海に分布する推定種数になる。信じがたいことであるが、まだ日本近海の約 20％の種しか認識されていないことになる。例えば、魚類などは比較的分類学研究が進んでいると思われていたが、ハ

───────────────

[※4]　藤倉ら（2010）：「日本近海の海洋生物多様性」、『プロスワン』。国際共同研究ネットワーク「海洋生物のセンサス（CoML：Census of Marine Life）」の調査報告。

[※5]　その後、2012 年までの研究から、全海洋生物種数の 13.5％に修正された。

表1-2　日本近海における海洋生物出現種数、今後出現する予測種数、推定種数、外来種数の概要

分類階級		出現種数	予測出現種数 *	推定種数	外来種数
ドメイン	界				
アーキア		9	—	9	—
バクテリア		843	1	844	—
真核生物					
	クロミスタ				
	褐藻植物	304	—	304	1
	他のクロミスタ界	943	—	943	—
	植物				
	緑藻植物	248	—	248	1
	紅藻植物	898	—	898	0
	被子植物	44	—	44	0
	他の植物界	5	—	5	—
	原生生物				
	渦鞭毛藻	470	—	470	0
	有孔虫	2,321	490	2,811	0
	他の原生生物界	1,410	104	1,514	0
	真菌	367	—	367	0
	動物				
	海綿動物	745	540	1,285	0
	刺胞動物	1,876	350	2,226	1
	扁形動物	188	350	538	0
	軟体動物	8,658	1,180	9,838	11
	環形動物	1,076	—	1,076	10
	甲殻類	6,232	1,657	7,889	10
	外肛動物	300	900	1,200	0
	棘皮動物	1,052	—	1,052	0
	尾索動物	384	8	392	2
	他の無脊椎動物	1,314	115,969	117,283	2
	脊椎動物（魚類）	3,790	364	4,154	1
	他の脊椎動物	152	—	152	0
	真核生物の小計	32,777	121,912	154,689	39
総計		33,629	121,913	155,542	39

ゼ類に 200 種以上の未記載種がいることがわかった。

　以上を整理すると、日本の EEZ 内の海域の海洋生物は、「確認できた種だけで約 3 万 4000 種にのぼり、全世界既知数の約 23 万種の約 15％にあたる。このうち我が国の固有種は約 1900 種確認されている」[6]ということになる。報告書は「日本近海は、これまでも一部の分類群を比較したデータから海洋生物の宝庫のように言われてきた」が、包括的に評価した本研究により、「日本近海の種多様性が世界的に見ても極めて高いことが科学的に示された」としている。

3　多様な海流系と豊かな漁場

　2 に述べたように、日本周辺は、世界の海の中でも生物の多様性が極めて高い海域であることを背景として、日本は、他の水産国と比べても非常に多種多様な魚種を漁獲している。水産庁のホームページ[7]では、「日本列島周辺を含む太平洋北西部海域は、大西洋北東部海域、太平洋南東部海域と並び、世界の主要な漁場の一つとなっている。同海域では、世界の漁業生産量の 2 割を占める約 2 千万トンが漁獲されている」としている。

　豊かな漁場の形成要因としては、以下が挙げられる。

3-1　多様な海流系

　周辺水域が世界有数の漁場となっている最大の理由は多様な海流系の存在である。潮汐に伴う潮流も水の流れではあるが、往復流のためじわじわと移動する。海流は、これとは異なり、一方向に向かう川のような流れであり、物質の移動と分布を支配している。日本列島近海の海流は、大まかに言えば北太平洋における亜熱帯循環流の一部としての黒潮と、千島列島を南下する千島海流、いわゆる親潮が、定常的にぶつかり合う構造の中にあると捉えることができる。これを、日本列島の地形的特長と合わせて、模式的に見たのが図 1-1 である[8]。

---

[6]　注 3 と同じ。
[7]　注 2 と同じ。
[8]　注 2 と同じ。

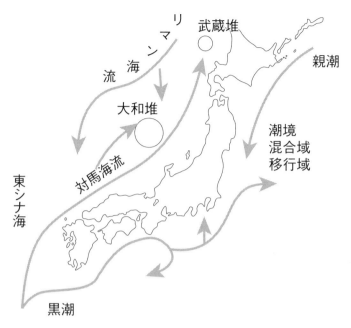

図1-1　好漁場を形成する日本周辺の海流系

　黒潮（日本海流）：北太平洋における亜熱帯循環流は、フィリピンのルソン島東沖で北に向きを変えると、台湾の東、南西諸島の西側を通って日本列島に向かう強い暖流となる。これを日本海流というが、水色が黒いことから黒潮と呼ばれる。黒潮は、東シナ海の東端を北上した後、屋久島や種子島の南側を経由して、土佐沖、紀伊半島沖を通り、房総半島沖に至り、その後、黒潮続流として東へと向かう。流速は場所により大きく変化するが、毎秒50～250cmときわめて速く、幅は通常50～60kmと狭いが、境界が鮮明である。魚種としては、沿岸側でイワシ、サバ、アジ、サンマ、ブリなど、強流帯より沖側でカツオ、マグロ、トビウオなどが生息している。

　親潮（千島海流）：千島列島に沿って南下した千島海流は、北海道の南東岸を経て、三陸沖から常磐沖に向かって分布している寒流である。流速は毎秒20～50cmほどの緩やかな流れで、黒潮に比べて幅が広い。栄養

に富み、プランクトンが豊富なことから、親潮と呼ばれている。塩分は黒潮より低い。主な魚種としては、サケ、マス、スケトウダラ、カレイ、カニ、エビなどがある。

3）対馬海流：日本海の本州沿岸に沿って北東に向かう暖流である。これは、奄美大島の西方で黒潮から分岐し、対馬海峡を経て日本海に入り、山陰沖や能登沖で大きくくねりながら北上する。一部は、津軽海峡を抜けて太平洋に流出し、津軽暖流となり、そのまま三陸沿岸を南下する。更に、北海道西岸を北上し、宗谷海峡からオホーツク海へと通じる流れもある。元々は、黒潮の一部が、日本列島特有の地形に沿って分岐し、本州の北側を流れているものであり、太平洋亜熱帯循環流の一部と言っていい。流速は毎秒50cm程度で、黒潮ほど速くはない。魚種は黒潮とほぼ同じである。

4）リマン海流：日本列島沿岸に直接、接岸することはないが、日本海の北部を陸に沿って南下する寒流である。観測データが少なく、現状では実体や成因について確かな説はない。ロシアと中国国境のアムール川河口からきているとか、対馬暖流の末流がカラフトの西側に沿って北上しながら冷却され、向きを変えて南下するとも言われている。また、間宮海峡が浅く狭いことから、北から来ると言うよりは、北部日本海を反時計回りに循環すると捉える説もある[9]。

黒潮と親潮は、規模の大小はともかく、どちらも地球という星が受けとる太陽エネルギーの不均一をならそうとする力と地球自転との相互作用でできる海流系の一つ、ないし一部である。「沈黙の春」で著名なレイチェル・カーソンが、1951年、『われらをめぐる海』[10]で、黒潮やメキシコ湾流は、地球という星に固有な海流として＜惑星海流＞と表現するのが最もふさわしいとした海流系の一部である。

地球で最も大規模な大洋である太平洋全体の海流構造という視野から見ると、日本列島周辺は、大洋規模の惑星海流が、大洋の北西部に作りだす暖流と寒流のぶつかり合う場と捉えることができる。

太平洋側では、親潮と黒潮が混じり合う常磐・三陸沖から北海道東方沖

---

[9]　荒巻能史（2007）：「地球の変化に敏感に反応する日本海の姿」、国立環境研ニュース26巻4号。
[10]　レイチェル・カーソン（1951）：『われらをめぐる海』、ハヤカワ文庫NF。

24　　第1章　日本列島周辺の海と原発

の海域において、季節によるパターンの変化はあるが、常に2つの海流がぶつかり合い、潮境（潮目）が形成されている。潮境では、黒潮に乗って北上した魚が親潮域の豊富なプランクトンや魚を食べに集まるため、世界的にみても優れた好漁場が形成されるのである。日本周辺水域には、いわば親潮と黒潮による「魚の回廊」が形成されていると言ってもいい。

　一方、日本海でもスケールは、やや小さいが、ほぼ同様の構造が存在する。対馬暖流は、黒潮が日本列島付近に来たときに、日本列島と大陸との間に対馬海峡を入り口として日本海という縁辺海が存在していることによって起きている分岐であり、元はといえば黒潮である。従って黒潮が惑星海流の一部であれば、対馬暖流も同じ位置づけになる。そして日本海の北西部には、大陸の沿岸に沿って南下する、または「北部日本海を反時計回りに循環する」リマン寒流がある。日本海では、北緯40度付近に両者の接する前線帯が東西に長く形成され、本州の日本海側の地域にとっては、暖流、寒流の双方に属する豊富な水産生物の好漁場が形成されるのである。

3-2　陸棚と堆

　漁業は、海底地形によっても大きな影響を受ける。北海道、東北地方及び山陰地方の沿岸には、底魚の生息に適した水深200m程度の陸棚が発達し、カレイ類、ズワイガニなどのカニ類等の好漁場となっている。

　また、日本海には、台地状の浅海である大和堆、武蔵堆があり、これも底魚の好漁場となっている。さらには、これらの堆にぶつかった海流が引き起こす湧昇流により深海の栄養塩が豊富に供給されることで、植物・動物プランクトンが増殖し、好漁場が形成されている。

3-3　陸域がもたらす栄養塩

　海の漁業生産力には陸域の存在も大きな影響を与えている。例えば、浅海が広がり、陸域から豊富に栄養塩が供給される東シナ海は、年間を通じて基礎生産力が高く、底魚の好漁場となっている。マアジ、サバ類、ブリ、スルメイカ、サワラなど、多くの有用水産生物が東シナ海で産卵し、仔稚魚が黒潮や対馬流に乗って日本近海へと運ばれてくる。

日本列島の複雑な地形は、陸奥湾、東京湾、三河湾、瀬戸内海、有明海、八代海など多くの内湾を形成している。内湾では陸域から供給される栄養塩が豊富で、かつ水深が浅く、底層にたまった栄養塩が表層と混ざりやすいため、豊富な水産資源をはぐくむ。例えば、瀬戸内海の面積は、日本のEEZ（排他的経済水域）の0.4％にすぎないが、漁業生産量は全体の5％を占めている。

4　主要魚種の生活史と海流

　多くの場合、生物の生活史は、海流、地形などに依拠しながら、一定の空間的、時間的な広がりを持って成立している。そこで、日本列島近海における主要な魚種の分布・回遊と生活史につき、巻末に資料として系統的に整理した。これは、水産総合研究センターが都道府県の水産試験研究機関と共同で行った調査報告書「平成26年度　我が国周辺水域の漁業資源評価」（52魚種84系群を対象に3分冊、1900頁）を主な典拠とし、同報告で扱われていないカツオ、マグロ、サケ及びイカナゴを別の資料をもとに加えたものである。原発との関係を念頭に37種を対象とし、生息域の広がり方から4分類し、それぞれにつき検討した。ここでは、その一部を紹介する。

　マイワシ、マアジ、マサバ、ゴマサバ、サンマなど、幼稚魚の回遊が「黒潮により東へ移送された後、東経165～170度の沖合で成長し、北海道東沖～千島列島東方沖で素餌期を過ごし、秋から冬にかけて南下する」という季節に合わせた南北回遊を基本パターンとする一連の種が存在する。これらの種は基本的に表層を遊泳するが、黒潮と親潮、対馬暖流を活かした生活史があり、日本列島の沿岸域には産卵場と漁場が多数存在する。ブリ、カツオ、マグロは、黒潮や対馬暖流に乗り南方から回遊してくるが、ブリの成魚は産卵のため冬から春に南下回遊する。スルメイカも南に産卵場があり対馬暖流や黒潮により北方へ輸送される。

　例えば、サバ類は沿岸を広く回遊する魚である。太平洋側では、九州南部の沿岸から千島列島の沖合にまで分布し、成魚は主に春（3～6月）に伊豆諸島海域で産卵したのち北上し、夏～秋には三陸～北海道沖へ素餌

26　　第1章　日本列島周辺の海と原発

のため回遊する（図資1-5ａ）。稚魚は、春に太平洋南岸から黒潮続流域に広く分布し、夏には千島列島沖の親潮域に北上し、秋冬には未成魚となって北海道〜三陸沖を南下し、主に房総〜常磐海域で越冬する。これを可能にしているのは、黒潮と親潮である。成魚の一部は紀伊水道や豊後水道および瀬戸内海へ回遊する。一方、日本海側では春夏に索餌のために東シナ海南部から対馬暖流に乗って北上し、秋冬には越冬・産卵のため南下する（図資1-5ｂ）。マアジ、マイワシ、サンマなどの回遊魚も、ほぼ同じように黒潮、対馬暖流、親潮を利用して日本列島の周りを大きく回遊し、生活史を作っている。

　より大きな空間スケールで回遊するのがマグロ類やカツオである。マグロは魚体が大きく遊泳力に優れ、夏の水温上昇期には北へ、秋から冬にかけては南へと広範囲に回遊する。クロマグロは南西諸島や台湾付近で産卵し、幼魚はイカやイワシなどを食べながら黒潮に乗って北上する。黒潮が奄美大島西方で対馬暖流と分岐するので、日本列島を挟むようにして、回遊に対応して各地の沖合に時期が少しずつずれながら出現する（図資1-10）。太平洋側では、3〜4月、室戸沖、6〜7月、銚子沖、8月、金華山沖、そして10〜12月、津軽海峡に至る。日本海では、3〜6月、五島列島から萩沖、7〜9月、佐渡周辺、そして10〜12月、津軽海峡という具合である。この結果、日本の沿岸では各地でマグロが水揚げされる。青森県大間のマグロは、そうした生活史の反映である。

　一方、底近くで暮らす底魚も多数存在する。日本の沿岸各地に広く生息するマダイ、ヒラメ、カレイ類、ニギスなどは、回遊性は小さく、産卵や生育段階により水深を変えていく生活史がある。ヤリイカは、沿岸各地に産卵場があり、日本列島の各地の沿岸に分布する。例えば、ムシガレイは、エビ類、イカ類、小魚などを食べる暖海性で対馬周辺海域に多い（図資1-15）。幼魚は浅海に生息し、成長にともない沖合へ移動する。対馬周辺海域では1、2月、日本海北部では4、5月に水深100メートル以浅で産卵する。未成魚は水深30〜80メートルの砂泥底にすむが、成魚になると70〜160メートルの深みに移動する。

　寒流系では、まずマダラは重要な底魚資源の一つで主に北海道周辺海域の沿岸から大陸棚斜面にかけて広く生息する。分布の南限は太平洋側で茨

27

城県、日本海側では島根県である（図資 3-3a,b）。産卵場は分布域全体にあるが、主な産卵場は岩内湾、噴火湾周辺、金華山周辺や道東海域に存在する。ホッケは、北海道の近海周辺はどこにも分布しており（図資 3-6）、産卵場は渡島半島西岸および奥尻島沿岸の水深 20 メートル以浅の岩礁域である。ハタハタは水深 150 〜 400 メートルの深い海の砂泥底にすみ、砂に潜る習性がある底魚である。東北地方以北の北太平洋に広く分布し（図資 3-7a,b）、秋田県では「県の魚」に指定されている。日本海北部系群は、能登半島から津軽海峡にかけて分布する。11 月下旬ごろ、青森県から山形県の水深 2、3 メートルの沿岸の藻場に産卵のため群れをなして押し寄せる。産卵終了後、親魚は産卵場を離れ、春にかけて新潟県の沖にまで南下し漁場を形成する。12 月に産み付けられた卵は、2 〜 3 月中旬にかけてふ化する。ふ化後、稚魚は全長 5 〜 6cm となる 6 月まで砂浜域で生育する。

　寒流域に分布し日本海沿岸における最も重要な資源であるズワイガニは、大陸棚斜面の縁および日本海中央部の大和堆などの水深 200 〜 500m に多く生息する（図資 1-19a）。最近ではアマエビの名で知られるホッコクアカエビは日本海沿岸の水深 200 〜 950m の深海底に生息する（図資 3-9）。浮遊幼生期を終えて着底した稚エビは、成長に伴って 400 〜 600m の深みへ移動する。石川県、新潟県、福井県による水揚げが多い。

　一方、キダイ、タチウオ、サワラ、ウマヅラハギ、ケンサキイカは、東シナ海に産卵場があり、それが対馬暖流により日本海のかなり北まで運ばれるという生活史を形成している。トラフグは生息域の近くに産卵場があり、余り大きな移動はしない。

5　どの原発も豊かな海に面している

　日本列島の周辺には世界的に見ても顕著な海流系が多数存在し、優れた漁場を形成している。その同じ日本列島には福島第 1 原発を含めて 17 カ所のサイトに原発が点在している。これらの原発で事故が発生した場合、海や海流との関係でどのような問題が起きるかが本書の主題である。

　図 1-2（グラビア・カラー図）は、人工衛星 MODIS Aqua による 2015 年

28　　第 1 章　日本列島周辺の海と原発

3月14日〜4月14日の平均値の日本近海の表面温度分布[11]に原発の立地点を加えてみたものである。赤から黄色、黄緑の部分が黒潮、銚子沖から下北半島までの太平洋側の薄い青から濃い青が親潮の海域である。日本海では本州に沿った南側の黄緑から緑、薄い青が対馬暖流、そして、日本海北部の大陸側の濃い青がリマン海流である。黒潮と親潮の前線帯、対馬暖流とリマン海流の前線帯の様子がはっきりと見て取れる。また、対馬暖流が津軽海峡を東に太平洋に出て、牡鹿半島付近にまで南下する様子や泊原発の西を通過して宗谷海峡にまで達している様子も分かる。色彩からしても、実に多様な水塊が接しあい、絡まり合っている様子が分かるであろう。

　この表面水温分布から見える水塊や海流をより具体的に見るために、図1-3にやや詳細な海流図[12]を示す。銚子沖から福島沖にかけての黒潮と親潮の関係、日本海中央部において対馬暖流とリマン海流との前線帯が東西に延びる様子、津軽暖流や宗谷暖流の動きなどについて、図1-3と重ねてみることで理解を深めることができる。これらの図は、第3〜5章以降の個々の原発の事故による影響を議論する際に有用になる。

　私は、福島事故の際、放射能が放出された三陸から常磐沖にかけての海域が世界三大漁場の一つであることを強調し、このようなロケーションで東通、六ヶ所（再処理施設）、女川、福島第1、福島第2、東海まで原子力施設を林立させてきた国政自体の犯罪性を強く告発した。しかし、図1-3を見れば、他の立地点についても基本的な構図は全く同じであることが分かる。

　日本海では、黒潮の一分枝である対馬暖流が北緯40度付近でリマン寒流と接する潮境、及び大和堆や武蔵堆のような浅瀬の存在によって発生する湧昇流が好漁場を形成している。対馬暖流を、黒潮の一部が日本列島特有の地形によって分断された結果としての流れと捉えれば、日本海における漁業も世界三大漁場の一部と捉えることができる。玄海、島根、高浜、大飯、美浜、敦賀、志賀、柏崎、更に泊原発

※11　美山 透（2015）:「海流と生態系の関係は？」、海洋開発研究機構 HP。
※12　日本海洋学会沿岸海洋研究部会（1990）: 続・日本全国沿岸海洋誌（総説編・増補編）,pp839. 海流分布模式図

図1-3 日本近海表層の海流分布模式図（主として夏季）。①黒潮、②黒潮続流、③黒潮反流、④親潮、⑤対馬暖流、⑥津軽暖流、⑦宗谷暖流、⑧リマン海流。

は、すべて対馬暖流が関係している。

例えば島根原発で大事故になれば、約1ノット（毎時1852m）の流れに乗るとすれば、1日に44km、1カ月で1300kmは移動することになる。水平方向にはあまり拡散しないまま、対馬暖流に沿って、鳥取、兵庫、京都、福井、石川、富山、新潟、山形、秋田、青森の各県、及び北海道南西部の沿岸域にまで影響を及ぼす可能性が高い。これは、韓国、北朝鮮、ロシアへの越境汚染という大きな国際問題にもなりうる。

逆に、韓国の原発で大事故となれば、放出された放射能は、対馬暖流によって日本海沿岸の日本の各地に運ばれるとも言える。私たちが日本海という海域を、韓国の人々は東海というが、海は一つであり、海流を通じてつながっているのである。日本海に関しては、北朝鮮、ロシアとも同じような関係にあることは言うまでもない。

また青森まで達した対馬暖流は、津軽海峡を東進した後は津軽暖流となり、親潮と接する場が青森県の北東側の太平洋にできている。三陸沖の海

は、津軽暖流、親潮と黒潮の三つどもえの複雑な関係があり、年や季節による変動が著しい。これも、グローバルな視点から見れば、太平洋という地球最大の大洋の北西部において、暖流と寒流が接する構図の一部であることは明らかである。地形の特殊性が加味されて、複雑な姿になっているだけである。

　このように俯瞰的に見ると日本列島の近海における漁場は、北太平洋の亜熱帯循環流と千島海流（親潮）がぶつかり合うところにできる好漁場であることに変わりはない。それを承知で、日本列島の沿岸に原発17サイトと1つの再処理工場を林立しているのである。太陽と地球、そして月が折りなす恵みの場としての豊かな漁場で周囲を囲まれた日本列島では原発立地にふさわしい場所はどこにも存在しないのではないか。世界三大漁場を汚染してしまった福島の経験を踏まえれば、日本列島にこれだけの原子力施設を林立させる発想は無謀としか言いようがないのではないか。福島事故を契機に、少なくとも5年近くにわたり、全国の原発が稼働していなかったことは、これらの自然界がもたらす恵みを認識し、生かすことを再考する絶好の機会が与えられたはずなのである。

　本書の結論を、既に書いてしまったようなものであるが、そうした観点から以下の章で、各原発につき個別的に分析する。

第2章　福島事態から見えること

福島原発事故以降、日本の原子力規制行政は、従来の「日本の原発は絶対に苛酷事故を起こさない」とするものから、「いかなる原発も苛酷事故を起こす可能性がある」という方向に劇的な方針転換を遂げた。その考え方にのっとり、原子力規制庁は、自治体が地域防災計画を策定する際の参考として、福島第1原発を除く16原発につき事故が起きたときの放射能雲の拡散の仕方を推測する「放射性物質の拡散シミュレーション」を行い、2012年12月、公表した※1。

　これは、原発事故に対する防災対策を重点的に充実するべき地域の目安として概ね30kmとする方針に基づいている。2011年の1年間を通した風などの気象情報を入力し、風向ごとに拡散することを仮定した単純な推算であるが、事故がおきた時の放射能の拡散について、ひとつの目安を与えている。前提としては、(1) 福島第1原発1～3号機と同量の放射性物質が放出された場合、(2) サイト出力に応じすべての原子炉で炉心溶融が起きた場合の2種類について試算している。

　本書では、日本列島の各原発において規制委員会が想定した (2) のサイト出力に応じた事態が発生した時、海や川・湖にいかなる影響が及ぶのかを、それぞれの地点ごとに推測することを試みる。その際、共通して比較の対象となり、また類推を働かせるうえで大いに参考となることから、まず本章で、福島事態から推測される原発事故がもたらすことに関する一般的なことがらについて整理しておく。

1　海へ影響をもたらす4つのプロセス

　福島事故の経緯を参考にすると、原発で事故が起きた時、海へ影響をもたらすプロセスには以下の4つが考えられる。

1) 大気に放出されたのちの海への降下
2) 原発から海への直接的な漏出
3) 陸への降下物の河川、地下水による海への輸送

※1　原子力規制庁（2012）;「放射性物質の拡散シミュレーションの試算結果（総点検版）」。これは、2012年10月に公表されたが、いくつもの誤りを指摘され、12月に改訂版が公表されたもの。

4）海底に堆積した汚染物質による溶出と巻き上がり

1　大気からの降下

　海洋への放射能の負荷は、まず大気からの降下により起こる。放射性物質は、原発からの距離に依存するだけでなく、風の向きや強さにより、不均一に降下する。面的に、あるいは帯状に短時間で広範囲にわたり海に入ることになる。

　第3章以降の各論では、大気経由の放出の状況を具体的に推定するために、先に述べた原子力規制委員会の拡散シミュレーションを参考に考える。計算は2011年1年分の気象データを使用し、各原発で16方位につき、それぞれの風向に向けて、放射性物質が扇形、ないし舌状に広がることを想定している。原発からの距離に対応した平均的な被曝の実効線量に関するグラフを使用し、国際原子力機関（IAEA）が定めている避難の判断基準（事故後1週間の内部・外部被曝の積算線量が計100ミリシーベルト）に達する最も遠い地点を求め、図示している。

　各原発における風向きで最も頻度が高いのは、各地点における海陸風の風下方位が関係している場合が多い。また福島事故で大気に放出された放射性物質の8割は太平洋に降下したとみられることからも類推されるように、日本列島の位置する緯度は、偏西風の影響が支配的である。どこかで事故があれば、放射性物質は、濃度は下がりつつも東へと輸送され、グローバルな大気大循環に乗って、より広範囲に拡散していくものが出てくるはずである。

2　原発から海への直接的な漏出

　福島事故から類推すると、大気からの降下に少し遅れて、崩壊熱に対処するため溶融燃料に直接触れた高濃度の汚染水が原発サイトから流出する可能性が高い。これは、福島事故で嫌と言うほど思い知らされた原発特有の宿命である。火発であれば、大地震などの事態が起きても運転を停止しさえすれば問題はとりあえず終わる。しかし、原発では、核分裂反応は止められても、崩壊熱に対応する作業ができなければ、事態は悪化してしまうのである。人類は、今、このような経験を何度も繰り返す可能性を

35

抱えたまま、世界中で約450基もの原発を動かし続けている。そこには、チェルノブイリや福島は大変なことになったが、自分のところで起きるはずはないとの根拠のない神話が生きているのであろう。

　メルトダウンを伴う大事故が発生した時、仮に核分裂反応そのものは止まっても、冷却系統が閉じた状態を維持することは、まず不可能である。結果として、福島原発で、未だに溶融した燃料の所在や存在状態が分からないため、対処が困難になっている「汚染水問題」[※2]は、付いてまわる課題となる。その流出の仕方は、事故の起き方によって、色々なシナリオがありうる。地震に伴う事故であれば、冷却系統の破綻は複雑で、建屋の地下への漏水も多岐にわたり、海へと通じた地下水への混入を中心に流出ルートはいくつもできる公算が強い。蒸気発生器などでの配管の破損などが要因であれば、地下のひび割れからの漏えいは少なく、水路のようなものに沿って海に流出するであろう。いずれにせよ、この問題は、福島第1原発と同様、連続的な負荷源となり、終息の見えないまま推移するはずである。

　そして、現実の事故では、1、2がほぼ同時に起こるのである。一つのサイトに複数の原子炉を集中立地しているほど、対応の困難性は倍増する。福島第1原発では、6基の原子炉があり、1～4号機それぞれの事態への対応を同時にせねばならないと言う困難な状況を強いられたのである。

　さらに事故直後に集中して放出された放射性物質による一次的な汚染から一定の時間を経て、原発自体からの放出量は減っても、海への問題として次の2つのプロセスが二次的に加わる。

3　陸への降下物の河川・地下水による海への輸送

　福島事故に伴う陸上におけるセシウム沈着量の分布[※3]（図2-1）からもわかるように、事故時の気象条件に対応して、山間部などに沿って高濃度の汚染地帯ができる。一旦、落ち着いた分布も、雨に溶け、風により輸送されることで、その分布は変化する。その過程で、河川や湖沼を汚染しつつ、

※2　湯浅一郎（2014）;『海・川・湖の放射能汚染』、緑風出版。
※3　注2と同じ。表紙カラー図（図2-1）。

海に流入する二次的な汚染が派生する。

　福島事故で、最大の二次的負荷源は阿武隈川による海への輸送である。2011年夏に阿武隈川から海に流出しているセシウム137は、1日に524億ベクレルという試算値[4]がある。浪江町や飯舘村など強制避難区域になった山間部に水源地を持つ浜通りの中小河川（請戸川、太田川、新田川、真野川など）が、それに次いで放射能を海に輸送していたであろう。更には茨城・千葉県境のホットスポット地域からの流出による東京湾の汚染、阿賀野川・信濃川経由による新潟市などの河口域の汚染も続いている[5]。いずれにせよ、実際の汚染は、事故発生時の気象条件に左右され、より複雑で、影響を受ける範囲も多岐にわたるであろう。

4　海底からの溶出や巻き上がり

　海底土に堆積した放射能は海底泥から海水へと再溶出したり、台風などの強風による流れ場の変化に伴う巻き上がりにより、二次的な汚染をもたらすことになる。特に瀬戸部においては、鉛直混合が著しく、放射能は下層に入り、流れが停滞する場所に沈降する。この問題は、福島事故に関しても未確認で今後の課題であるが、イギリスのセラフィールド再処理工場が面するアイリッシュ海などでは大きな問題になっている。

2　海洋環境への影響

1　海水

　放射能は、海に入ったあとは、海水に溶けたり、また微粒子に付着して、流れに伴って海水中を移動、拡散していく。福島事故の際、放射性セシウムは、原発から20km内では、初めの3カ月間、1リットル当たり100ベクレルを下ることはなく、1ベクレル以下になるのに5カ月以上かかっている[6]。1リットル当たり1ベクレルとは、1立方メートル当たりでは1000ベクレルである。この濃度は、事故より前の海水中濃度が、1立方

※4　「朝日新聞」、2011年11月25日
※5　注2と同じ。
※6　湯浅一郎（2012）：『海の放射能汚染』、緑風出版。

メートル当たり1～2ベクレルであったのと比べると、実に500倍以上あり、まだまだ相当に高い。

　福島第1原発の放水口近傍では事故後3月末に向けて濃度が急上昇し、セシウム137濃度は、30日には南放水口付近で4万7000ベクレルに達した。事故発生直後からの約3週間に、相当量の放射能が出ていたことがうかがえる。そこから4月8日までの約10日間は、福島第1原発の南北放水口付近の海水は、1万ベクレルを下まわる日がなかった。最高値は4月7日の北放水口における6万8000ベクレルである。その後、4月9日以降、急激に濃度が下がり始め、低下は約2週間続く。4月23日には約100ベクレルまでに低くなり、原発から約16km南の岩沢海岸付近を含めた4点が同レベルになった。しかし、その後は、福島第1原発の2地点ともに80～100ベクレルと相当な高濃度を保持したまま、5月末まで横ばいが続いた。この濃度は、イギリスのセラフィールド再処理工場による汚染で、アイリッシュ海東部の最も高レベルの汚染海域の値に匹敵する。

　曲がりなりにも、セシウムを吸着させる処理装置を稼働することで、海に出ないよう努力していたはずなのに、3カ月がたっても海水濃度が高いままであった。これは、把握しきれていない、そして止める手立てのない放出ルートが残っていたためと考えられる。それでも4月上旬の最高値と比べれば、およそ1000分の1程度までに減少している。

　その後、8月に入ると検出限界を1リットル当たり1ベクレルとする測定方法では、海水からの検出はほぼなくなった。海岸付近では一方向の流れが常に存在していたとすれば、定点で測定している海水は常に新たな水である。従って、放水口付近の海水から微量でも放射能が検出されるということは、放出量がまだまだ大きいことを意味している。その状態が5カ月近く続いていたことになる。福島沖のように一方向の流れが卓越する場においても、約5カ月にわたり、1リットル当たり1ベクレルを下ることが無かった事実は重い。8月以降、それまでの測定方法では海水から検出されなくなったのを受けて、9月以降は沖合30km以上の海域では、検出下限値を0.001ベクレル／リットル（1立方メートル当たり1ベクレル）に切り替えた測定が始まった。平常時における海水中の濃度は、1立方メートル当たりの濃度を測定して議論されている。

全国の原発サイト沖16海域を見てみると、2011年に高くなっている海域は、青森県六ヶ所沖から茨城県東海村沖にかけてである[7]。北海道の泊沖、及び静岡県浜岡沖は、幾分か福島事故の痕跡が見られる。これらは、福島事故の影響と考えられるが、チェルノブイリの時と比べると、日本列島周辺の全域と言うよりは、東日本一帯、さらには青森県から千葉県にかけての太平洋岸、まさに大地震の震源域にあたる海域で濃度が高くなっていた様子が分かる。西日本の太平洋側や日本海には、チェルノブイリ事故の時よりも影響は見られない。

　水産総合研究センター中央水産研究所の小埜[8]によると、漁業調査船による調査から、福島原発から放出されたセシウムは、2011年7月頃には、濃度が1立方メートル当たり100ベクレル程度の水塊として東経155度を通過、11月頃には東経175度を通過していることが分かったとされる。また12年7月の東経175度以西の海域は、表層でも20ベクレル以下にまで低下していた。太平洋規模での影響が、今後どうなっていくかについては、生物への影響を含めて注視していく必要があろう。

　しかし福島沖と異なり、川内、玄海や瀬戸内海の伊方原発では、潮汐に伴って発生する潮流が卓越している。これは往復流であり、福島のように一方向に流れるのとは事情が異なる。上げ潮、下げ潮で交互に逆向きに流れ、行ったり来たりを繰り返しながら、少しずつ残余の流れ（潮汐残差流）によって、水そのものが移動していく。流入した後、一方向に流れていた福島と比べ海水の移動は緩慢で、高濃度汚染の状態はより長く継続する可能性が高い。また海に入る時の潮時によっても、水粒子の行き先は、全く異なるものとなる。これに対して日本海側では、潮汐は小さく、その分、風の影響や、対馬暖流の影響を色濃く受けることになるであろう。

　更に日本列島の周囲には、顕著な海流系が存在しており、海流に乗ると、思いもよらぬ速さで、高濃度のまま、相当離れた地域にまで影響を及ぼす可能性がある。これらについては、第3章以降の各論で詳しく述べる。日本列島の南に位置するほど、黒潮や対馬暖流によって、どちらも東に向

※7　　注2と同じ。
※8　　小埜恒夫（2013）：「海洋環境への放射性物質の拡散状況」、水産総合研究センター第10回成果発表会。

けて放射能を輸送する機能を持つがゆえに、日本列島の多くの沿岸に影響を与えることになるであろう。その意味では、川内原発が最も大きな影響をもたらす可能性が高い。

2　海底土

　福島では、事故当時、親潮系の海水が原発沖に分布し、南へ向かう流れが卓越していたため、原発から南側の福島県沖と茨城県側の海底に濃度の高い領域ができた。日本原子力研究開発機構（文科省）が11年5月9日から宮城県から千葉県にかけての沿岸域で行った2013年1月10日までの観測データによると福島第1原発の沖合30kmで乾重量1キログラム当たり110～320ベクレル、平均187ベクレルと高い[9]。さらに南に100kmの大洗沖などもかなり高く、11年9月には520ベクレルという最高値が出る。その北の北茨城沖でも、12～310ベクレルと変動幅は大きいが、ここは、2011年10月以降高くなり11年12月に最高値310ベクレルを記録する。

　事故前の09年には全体として乾重量1キログラム当たり0.7～1.5ベクレルの範囲にあった。これと比べると福島原発事故の後は軒並み上昇している。牡鹿半島を越えた女川沖でも5～11ベクレル、平均8ベクレルである。他地点と比べ相対的に濃度は低いが、同地点の09年と比べると約3～6倍である。その他の地点では、鹿嶋、銚子も含めて09年の40～140倍へと高くなっている。

　福島第1原発沖で高濃度になるのは、セシウムなど粒子に付着したものが、微粒子の沈降とともに、事故現場からの距離に応じて、海底に堆積していったもので、普通に理解できる。しかし事故から3カ月くらいたつ6月上旬になり、福島第1原発から南へ50～170km離れた北茨城から、大洗、更には鹿嶋にかけてなど、かなり広い範囲で海底土の濃度が急上昇していることは理解しにくい。相当離れたところの海底土になぜ高濃度が出現するのか。

　これを理解するヒントは、北茨城より南側で、海水の濃度が下層の方が表層より高いという逆転現象が起きていたことにある。茨城県沖で親潮系

※9　注2と同じ。

水と黒潮系水とが接してできる大規模な潮境域が沈降流を形成し、それにより海底への沈降が促進されていたのである。親潮系の緩やかな南下流に乗って、福島原発から南に移動してきた放射能は、潮境に来て沈降し、その一部が海底に沈殿する過程がほぼ同時に起こっていたと考えられる。

また11年9月7日から測定が始まっている仙台湾入り口付近は200～490ベクレルとかなり高く、11年9月7日には最高値490ベクレルが出ている。これは、当時の海況からして、流れによる輸送と言うよりも、大気へ放出されたものが、やはり仙台湾と外洋との境界域に出きる何らかの潮目に沿って、高濃度の帯が形成され、それを検出したものと推測される。

これらの底質汚染からは、海底付近を生息場所とする底層性の生物への影響が懸念される。さらに欧州における事例から推測するに、福島第1原発から北茨城、大洗・鹿嶋へ至る海域で、海底土に蓄積したセシウムなどが、溶出したり、流れにより巻き上がり、再懸濁した微粒子が海水中へ移行する2次的な汚染源となることが懸念された。実際、海洋研究開発機構の本多[10]らが、2011年7月より福島原発から南東へ約100km離れた大陸斜面の1点（北緯36度27.5分、東経141度28.0分、水深1300m）の水深500mと1000mに設置した沈降粒子捕集装置（セジメントトラップ）で捕集した粒状物の放射性セシウムの測定結果にその一端が示されている。それによるとセシウムの沈降量と濃度は2011年9～10月に最大となり、その後、徐々に減少した。その中で、12年及び13年のともに9～10月に小規模な増加が観測されている。この時、付近を複数の台風が通過し、流れ場の変化により浅海域の海底堆積物がより多く巻き上がり再懸濁し、海流によって水平輸送されやすい状況にあったと推定している。

乙坂[11]は、セシウム存在量の深度分布に、深度ごとの面積を乗じることで、あくまで概算と断りつつも、11年10月現在、宮城県から茨城県にかけての沿岸の海底に0.1～0.3ペタベクレルのセシウム137が蓄積しているとしている。これは海洋への放出量の1～3%に相当する。

各地の原発の前面の海は多くの場合、水深が浅く、汚染水は表層を移動

※10　海洋研究開発機構、2015年8月18日。
　　　www.jamstec.go.jp/j/about/press_release/20150818/
※11　乙坂重嘉（2013）；「海底堆積物中の放射性セシウム濃度の推移」、アイソトープニュース、No710号。

しながらも、短時間のうちに海底付近に到達すると思われる。さらに海峡とその周辺では、強い潮流に伴う鉛直混合により、多くの物質が下層に輸送され、潮流が停滞する領域で、海底に沈積することが考えられる。これは、瀬戸内海で言えば瀬戸部の周辺で、砂堆が形成されている領域に相当する。

3 海・川・湖の生物への影響

　放射能が到達した場に生息している生物は、多かれ少なかれ、到達量にほぼ比例する形で例外なく汚染される。放射能は、食物連鎖構造のあらゆる階層に同時的に入り込み、縫い目のない織物（シームレス）としての自然に浸透していく。

1　海の生物汚染

　福島事故に伴う海洋生物への影響は大いに参考になるので、概略を振り返っておく[※12]。生物は、その生活史と放射能の海への流入に規定されて、様々な影響を受けるが、共通の傾向を持ちつつ、それぞれ特徴がある。まず事故直後に、高濃度に汚染されたのは、コウナゴ（イカナゴ幼生）に代表される表層性魚であった。コウナゴは、事故直後の2011年4〜5月、原発から南方へ50〜100km圏内を中心に高濃度に汚染され、最高値は久之浜沖で1kg当たり1万4400ベクレルが記録されている。

　2011年7月〜9月、汚染はピークに達し、最多の48種の水産生物が放射性セシウムの基準値、1kg当たり100ベクレルを超えていた。そのなかの29種は底層性魚である。中層性魚で雑食性のスズキ、クロダイは、基準値を超える高濃度のものが3年たっても広域的に存在する。特にスズキは、最高値が2100ベクレルで、金華山から銚子までの南北約350kmにわたり基準値を超えている。またクロダイも、1年を超えたあたりから暫定規制値500ベクレルを超えるものが出現しだしている。アイナメ、メバル類、ソイの仲間など底層性魚で定着性が強いものは、福島沖を中心に基準値を超えるものが多数、存在する。福島第1原発の港湾内で10万ベクレ

────────────

※12　注2と同じ。

42　　第2章　福島事態から見えること

ルを超える超高濃度に汚染された魚種は、ほとんどこの仲間である。

　福島県では、相馬双葉漁協、いわき漁協などが大陸棚より沖合での試験操業を再開したのを除き、事故から5年近くがたつ16年1月14日時点でも、全ての沿岸漁業及び底引き網漁業の操業は行われていない。さらに宮城県から茨城県まででも、スズキ、クロダイなど特定の魚種については出荷制限が続いており、16年1月14日、茨城県のスズキがようやく解除された状態である。

　最高濃度が出る地点は、多くの種が、原発の南側の近隣（広野〜四倉）である。事故当時、親潮系水が接岸し、南流が卓越していたことから、当然の結果である。アイナメ、メバル類を始め多くの魚種がこれに該当し、新地から北茨城までの約120kmに基準値を超えるものが多数出ている。その中で、クロダイ、マアジ、ヒラメ、ヌマガレイ、マダラ、マサバ、ホウボウ、ケムシカジカの8種は、原発の北側の新地から原町辺りに最高値が出ている。これらは、親潮の緩やかな海流だけに規定されずに、自力で動く傾向があるものとみられる。とりわけ前4種は、基準値を超える範囲は200〜350kmと広い。福島原発の事故は、このようにして世界三大漁場の一つを重層的に汚染したのである。

　ところで基準値は、食品による内部被曝の上限を年間1ミリ・シーベルトとする考え方に基づいて決められている。これは、国際的に広く使われているものではあるが、元々、ラドンや、宇宙線、カリウム40による自然放射線の影響が否応なく存在していることを考えると、人工的に上乗せされる被曝はできる限り抑えねばならない。長山[13]は、現行の線量限度は、原爆被災者の追跡調査研究の結果を基に決められ、もっぱら外部被曝によるものであるなど多くの問題があると指摘し、J・W・ゴフマンの考え方を取り入れ、現行の10分の1に抑えるべきであるとしている。そもそも国際的に広く使われている一般人で1年に1ミリ・シーベルトという線量限度自体に問題があり、年間の線量限度の上限を10分の1、つまり0.1ミリ・シーベルトにすべきであると提言している。その考え方を採れば、日本で言えば一般食品については1kg当たりセシウム10ベクレルが基準値となる。仮に基準値をその3倍の30ベクレルにしたとしても、福島事

※13　長山淳哉（2011）:『放射線規制値のウソ』、緑風出版。

故による海、川、湖の生物汚染は極めて深刻な事態が慢性化していることを示唆している。

2　川・湖の生物汚染

一方、陸域では大気経由で運ばれた放射性物質が、山間部を中心に高濃度で地表面に沈着し、それが雨に溶け、風で輸送される中で、河川、湖沼の生物に取り込まれている状態が、極めて広範囲に発生したのである。

まず河川の底質汚染を見ると、放射性セシウムが泥 1kg 当たり 1 万ベクレルを超えるのは、請戸川の室原橋における 9 万 2000 ベクレルを最高として、福島県浜通り地方の原発から北側の中小河川で最も高い。もう一つの高濃度汚染地域は、避難地域の北西部から西側にかけての伊達市、福島市、二本松市などを含む阿武隈川水系の中流域である。底質は、事故から半年内では、どこも 1 万 5000 〜 3 万ベクレルの高い値が出ていた。これらは、現在も市民が住めないまま放置されている浪江町や飯舘村の汚染物質が二次汚染源となって、周囲に流れ出ている結果である。

他にも、会津地方の湯川村の 2 万 5000 ベクレル、手賀沼流入河川（千葉県）である大津川の 2 万 200 ベクレル、七北田川（仙台市）の 1 万 1100ベクレルなどがあるが、これらは、地域全体が同程度に高いというのでなく、局所的に高い地点が存在している。地形の閉鎖性や流れが微弱であるなどの特性により起きているとみられる。

次に高いのは、宮城県中部、茨城県の那珂川、栃木県日光市などで5000 ベクレル台が出ている。さらに、宮城県北部、茨城県の多賀水系、千葉県の利根川中下流と江戸川には 2000 〜 3000 ベクレル台がある。更に岩手県南部の北上川中流域、宮城県南部、栃木県などに 1000 ベクレル台が分布している。そして、その周辺には、北は北上川水系から南は江戸川まで、河川底質が 500 〜 1000 ベクレル程度に汚染されている領域が存在している。

湖沼の泥における汚染状況も河川と同じで、最高レベルは請戸川上流の大柿ダムの 26 万ベクレルを筆頭に、原発に近い浜通りにある河川上流の堰止湖に見られる。真野川上流のはやま湖では、11 年 12 月、底質の最高値は 1 万 2000 ベクレルであったのが、12 年 6 月には、5 万ベクレルへと

44　　第2章　福島事態から見えること

4倍に増えている。周囲の山間部から放射能が流入し、蓄積が進んだものとみられる。はやま湖では、これに対応する形で、生物汚染も半年の間に軒並み汚染が進行している。次いで阿武隈川水系の上流の堀川ダム（西郷村）、中下流の半田沼（桑折町）も2万ベクレルを超えている。他にも手賀沼の根戸下（柏市）では8200ベクレル、藤原湖（みなかみ町）4600ベクレル、鬼怒川水系の五十里ダム4400ベクレルなども高い。

　一方、桧原湖、秋元湖、沼沢湖、中禅寺湖、赤城大沼、霞ヶ浦等では、底質は1000〜1500ベクレル程度である。にもかかわらず生物では、かなり濃度の高いものが出ている。福島原発から170kmの霞ヶ浦や190kmの手賀沼などでは、アメリカウナギ、ギンブナで基準値を超える汚染が継続している。湖沼は、地形や出入りする河川の構造などにより異なるが、閉鎖性が強く、湖水の交換能力が小さいため、地形によっては、底質汚染はさほど高くないのに生物への影響が大きく出ている可能性がある。物理的な流動や水の交換能力との関係で生物汚染をとらえる研究が求められる。

　2016年1月6日現在、福島事故に伴い、ヤマメ、イワナ、ウグイ、アユ、ワカサギ、ウナギなど内水面漁業の出荷停止や操業自粛は、福島県をはじめとして、岩手県から東京都までの1都8県の広範囲に及んでいる。例えば、河川では、福島県以外でも、岩手県砂鉄川のイワナ、宮城県三迫川などのイワナ、阿武隈川のウグイ・アユ、白石川のヤマメ、群馬県吾妻川のヤマメ、イワナ、埼玉県江戸川のウナギなどがある。湖でも、栃木県中禅寺湖のニジマス、ブラウントラウト、群馬県赤城大沼のヤマメ、イワナ、ウグイ、コイ、茨城県霞ヶ浦のアメリカナマズ、ウナギ、そして千葉県手賀沼のギンブナ、コイなどが基準値を超えたままなのである。事故から丸5年たつ今も、状況は一向に改善していない。

　河川と湖の泥の濃度を比較すると、福島県浜通り・中通り、栃木県、群馬県では、河川より湖の方が高い。これに対し、霞ヶ浦や手賀沼などでは、逆に河川の方が湖より高い。これは、前者は、河川勾配が大きく、上流部からの湖への流入量が大きいのに対し、後者は、河川勾配が小さく、河川にたまった物質が、なかなか湖にまで到達しないためと考えられる。

　岩手県から千葉県へ至る広大な領域で、上流側に高濃度に汚染した山間部がある地域では、河川、湖沼の底質や生物の汚染が続いている。河川勾

配や河川流量の違いなどにより、現時点での汚染状況は個々に特性は異なる。河川勾配が急であれば、1～2年ほど経過することで、多くの物質が、すでに海に出ているであろう。その場合は、河川底質の濃度は低い。逆に江戸川のように河川勾配が小さい場合は、現在も中流域が高濃度のままという河川も見られる。

　また、河川の上流や途中にある湖沼では、それ自体が放射能の一つの受け皿となるため、汚染が慢性化し、とりわけ生物の汚染は長引く傾向が強い。赤城大沼、中禅寺湖、手賀沼、霞ヶ浦といった湖沼においては汚染からの回復には、今後も相当な時間が必要であろう。

3　生理的、遺伝的影響と生態系への影響

　その上、本質的に問題なのは、放射能汚染による個々の生物の繁殖力の低下、遺伝的変化、そして、それらが織りなす食物連鎖構造、即ち沿岸生態系への長期的な影響である。その推移は、福島事故においても今後の課題である。通常、放射性セシウムを指標として汚染状況を推測するが、実際の現場では、他にもストロンチウム、トリチウム、さらにはプルトニウム、ヨウ素、テルル、テクノチウムなど多様な核種が存在している。

　ストロンチウムはカルシウムと似た性質をもち、体内に摂取されると、かなりの部分は骨の無機質部分に取り込まれ長く残留する。トリチウムは、天然にも存在する人工放射能の一つで、放出されるベータ線は微弱なので無害といわれ続けてきたが、カナダではトリチウムによる健康損傷と思われるものが発生している[14]。小さなエネルギーでも体の中で継続的に電離エネルギーを出し続ければ、細胞損傷を起こし、免疫機能の低下などの要因になると言われる。それらは、同時に人間や他のあらゆる生物に降り注ぎ、浸透していく。その相乗的な影響が、実際の被害となる。これらの物質が、魚類や無脊椎動物に摂取されることで、細胞や遺伝子を損傷し、癌や遺伝性障害を引き起こす可能性はある。しかも、これらが同時に重なり合うことによる相乗的な影響をもたらすかもしれない。その推移

---

[14]　カナダ・グリーンピース（2007）：「トリチウム危険報告：カナダの核施設からの環境汚染と放射線リスク」。
　　　http://www.greenpeace.org/canada/Global/canada/report/2007/6/tritium-hazard-report-pollu.pdf

46　　　第2章　福島事態から見えること

は、福島事故においても今後の課題である。

　繁殖力の低下や遺伝的変化、そして、それらが織りなす食物連鎖構造への長期的な影響に関して参考になるのは、チェルノブイリ原発事故に関する膨大な調査である。ここでは、ロシア語の文献も含めて吟味したヤブロコフらの総合的な報告書[※15]から、いくつか引用しておきたい。

　　・「コイの繁殖機能と、精子および卵に蓄積した放射性核種の濃度には相関が見られた」。
　　・「ベラルーシでは、汚染度の高い湖沼ほど、コイの胎芽、幼生、及び幼魚における形態異常（先天性奇形）の発生率が有意に高い」。
　　・「ベラルーシの汚染地域では汚染度の高い湖沼ほど、コイの個体群中における染色体異常とゲノム突然変異の出現率が有意に高い」。
　　・「チェルノブイリ原発の冷却水用貯水池で飼われていたハクレンの種畜（種オス）群において、数世代のうちに精液の量と濃度が有意に低下し、精巣には壊滅的な変化が認められた」。

　どれも淡水魚の事例であるが、海においても基本的には同じ状況のはずである。これらの症状が、生態系に対する遺伝的影響にまで、どう及んでいくのかが懸念される。

　また福島第1原発港湾内でアイナメやシロメバルの1kg当たり10万ベクレルを超える超高濃度汚染魚が相次いで出現したメカニズム、その生態系への影響を考察することは重要な意味を持つ。これは、メルトダウンし、原子炉や格納容器内に分散した溶融燃料の存在状態を未だつかめないまま、冷却作業を継続せねばならない構図の中で、2013年夏に表面化した福島第1原発から汚染水が漏えいし続けているという問題に起因する。高濃度に汚染した水が流れ続け、港湾の閉鎖性と相まっての食物連鎖に伴う濃縮過程が関与していると考えざるを得ない。福島では、これが原発の港湾内で起きたが、沖合の流れが往復流である他の原発（例えば川内、伊方原発など）では、より広範囲に起こることが懸念される。

───────────────────

※15　アレクセイ・V・ヤブロコフ、ヴアシリー・B・ネステレンコ、アレクセイ・V・ネステレンコ，ナタリア・E・プレオブラジェンスカヤ（2013）:『チェルノブイリ被害の全貌』、星川淳（監訳）、岩波書店。

主要な物質であるセシウム、ストロンチウムの半減期は約30年である。30年で半分、60年たっても4分の1が残る。従って、高度の汚染を受けた海域では、少なくとも60年は漁業操業はできない。これでは、沿岸漁業の技術、人材、歴史、伝統は消えてしまう。これは、大げさでなく、原発周辺における水産業の壊滅を意味する。漁業は海を媒介として成立している一つの文化である。沿岸漁業の衰退は、日本列島の海の文化にとって深刻な事態となるであろう。

　原発で福島並みの事故が起きたとき、放射能汚染は、多様で、広大で、自然の中に深くしみ込み、海が深刻な打撃を受けることは必至である。その上、日本周辺の海は漁船だけでなく、輸送船や旅客フェリーなども行きかう世界的にも海上交通量の多いところである。突然の事故で大気に放出された放射能が、それらの船舶を襲い、乗員・乗客が極めて高濃度の汚染を受けるかもしれない。

第3章　東シナ海、太平洋岸、瀬戸内海の原発

これまで本書では、第1章で、日本列島の周りの海が地形や海流などにより生物多様性に富み、生物は、海流や地形を巧みに活かして生活史を形成しており、それを背景として豊富な水産資源に恵まれていることを見た。その際、巻末に資料として掲載した主要37魚種に関する分布・回遊と生活史を参考にした。その上で、そうした海に面して原発をはじめとした核施設が立ち並んでいる位置関係を押さえ、どの原発で事故が起きても福島事故と同様に海を汚染せざるをえないロケーションであることを確認した。

　そして、第2章では、福島第1原発で起きた事故により、海、川、湖の汚染という観点からいかなる事態が生じたのかを概略たどった。事故による放射能汚染は、汚染源に最も近い沿岸の海をはじめ、さらには黒潮、親潮、対馬海流などの海流の影響を受ける沿岸域一帯へと及び、広域的に生態系を破壊し、漁業は壊滅的被害を受けることが予想された。

　ここからは、これまで見てきたことを前提として第3〜5章で個々の原発ごとの影響について検討する。第3章は、九州西岸、太平洋側、及び瀬戸内海の原発についてである。

1　川内原発——太平洋と日本海の双方の海を汚染——

1　川内原発で福島のような事態が起きたら

　川内原発（九州電力）は、鹿児島県西北部の薩摩川内市久見崎の川内川河口に位置し、前面は東シナ海に面している。加圧水型軽水炉（PWR）2基がある。

　1号機、電気出力89.0万kw（1984年7月4日稼働）。

　2号機、電気出力89.0万kw（1985年11月28日稼働）。

　総電気出力178万kwの規模を有する。ここでは、原子力規制庁が行った「放射性物質の拡散シミュレーション」等を参考に川内原発において規制委員会が想定したサイト出力に応じた事態が発生した時、海にいかなる影響が及ぶのか推測する。

50　　第3章　東シナ海、太平洋岸、瀬戸内海の原発

2　海へ影響をもたらす４つのプロセス

　第２章で整理したように福島事故の経緯から川内原発で事故が起きた時、海へ影響をもたらすプロセスには以下が考えられる。

1　大気からの降下

　図3-1-1は、第２章で見た原子力規制委員会の拡散シミュレーションにおける川内原発の場合である※1。原発からの距離に対応した平均的な被曝の実効線量に関するグラフを使用し、国際原子力機関（IAEA）が定めている避難の判断基準（事故後１週間の内部・外部被曝の積算線量が計100ミリシーベルト）に達する最も遠い地点を求め、地図に表している。南（S）へ21.1km、南東（SE）13.6km、そして西（W）へ12.8km、北西（NW）12.6kmが遠方まで影響する方位である。

　川内原発における風向きで最も頻度が高いのは、風下方位が南（S）方向17%、次いで西北西（WNW）14%、及び北西（NW）方向13%である（図3-1-2)。この３つで44%を占める。これらは、どれも前面の海上を拡散する。年間平均の風の分布から見れば、60%以上が海上を拡散する風向である。風向きごとに帯状に降下し、短時間にかなり遠方まで輸送され、海面に相当な負荷がもたらされる。一方、陸上がかかる方位は全体の62%を占め、薩摩半島をはじめとした鹿児島県内全域に及び、河川や湖沼・ダムを汚染するであろう。海上と陸上をあわせると100%を越えるのは、西や南には島や半島があり、両方向とも海上と陸上の双方の性格を持つためである。

　更に福島事故で大気に放出された放射性物質の８割は太平洋に降下したとみられることから類推される偏西風の影響がある。川内で事故があれば、放射性物質は、鹿児島市、宮崎市、高知市、和歌山市など、濃度は下がりつつも東へと輸送されていき、東日本の太平洋側、ひいてはグローバルな大気大循環に乗って、より広範囲に拡散するものもあるに違いない。

※1　原子力規制庁（2012）；「放射性物質の拡散シミュレーションの試算結果（総点検版）」。

2　原発から海への直接的な漏出

　メルトダウンを伴う大事故が発生した時、高濃度の汚染水が原発サイトから流出する可能性が高い。川内原発は、桜島、霧島、阿蘇などの活火山帯に隣接し、直下型の大規模地震に伴う事故も起こりうる。そのような場合、福島と同様、冷却系統の破綻は複雑で、建屋の地下への漏水も多岐にわたり、海へと通じた地下水への混入を中心に流出ルートはいくつもできるであろう。この問題は、福島第1原発と同様、連続的な負荷源となり、終息の見えないまま推移することになる。そして、現実の事故では、1、2が同時に重なったものとして現出する。

　さらに以下のような二次的な汚染が加わる。

3　陸への降下物の河川・地下水による海への輸送

　山間部などに沿って高濃度の汚染地帯ができ、雨風により輸送される過程で、河川や湖沼を汚染しつつ、海に流入する二次的な汚染が派生する。例えば九州山脈にそって南北に高濃度の地帯ができれば、雨に溶け、風に運ばれて、球磨川、大淀川、五ヶ瀬川など大小さまざまな河川が汚染され、結果として鹿児島湾、八代海、天草灘、有明海、日向灘などに流入する。県内各所にある鹿児島県の水源地が汚染されれば、鹿児島県民の飲み水が危機に瀕する。九州、四国地方を中心に、そのほか関西地方も含めて広域的に淡水魚が汚染され、操業や出荷ができない状態が続くことは必至である。いずれにせよ、実際の汚染は、事故発生時の気象条件に左右され、より複雑で、影響を受ける範囲も多岐にわたる。

4　海底からの溶出や巻き上がり

　海底土に堆積した放射能は海底泥から海水へと再溶出したり、台風などの強風による流れ場の変化に伴う巻き上がりにより二次的な汚染をもたらすことになる。

3　海洋環境への影響

1　海水

放射能は、海に入ったあとは、海水に溶けたり、また微粒子に付着して、

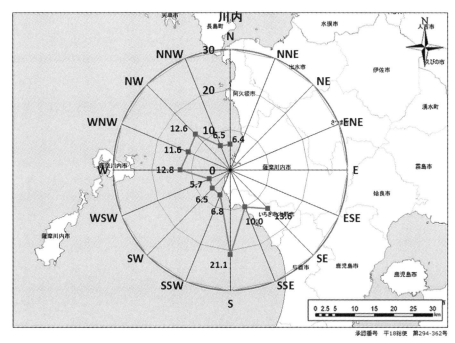

図 3-1-1 　川内原発における「放射性物質の拡散シミュレーション結果」(注1、46頁)

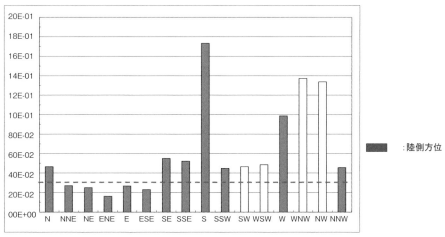

図 3-1-2 　川内原発地点における風下方位の出現確率 (注1、47頁)

流れに伴って海水中を移動、拡散していく。福島沖と異なり、川内原発の前面には甑島列島との間に甑海峡がある。ここでは、潮汐に伴って発生する潮流が卓越している。これは往復流であり、福島のように一方向に流れるのとは事情が異なる。上げ潮には北〜北東向き、下げ潮では今度は逆に南向きの流れとなる。こうして行ったり来たりを繰り返しながら、少しずつ残余の流れ（潮汐残差流）によって、水そのものが移動していく。甑海峡の残渣の流れは南向きが優勢で、平均すると甑南下流として知られる恒流が存在している。いずれにせよ流入した後、一方向に流れていた福島と比べ海水の移動は緩慢で、高濃度汚染の状態はより長く継続する。

　また海に入る時の潮時によっても、水粒子の行き先は、全く異なるものとなる。上げ潮が始まった時に流入した場合は、北に向かって動き、数日から1週間程度で天草方面に至る。瀬戸部で鉛直に混合された後、天草灘に入っていくものが相当出るはずである。逆に下げ潮時に流入した場合は、数日内に薩摩半島の西南端に移動する。

　図3-1-3は、当該海域における海流の概略[2]を示したものである。この図から推測すると、薩摩半島の西南端に達した放射能は大隅瀬戸における東向きの流れにのり[3]、種子島の北側を東に向いて移動し、その後は、南側から北東に向けて移動している黒潮の本流に乗る可能性が高い。黒潮は世界的に見ても最も強い海流であり、その速度は毎秒0.5〜2.5mはある。これは、時速2〜9kmになり、1日で50〜240kmも移動する。仮に平均で毎秒1mとしても、2週間で1400kmになる。蛇行などを考慮したとしても、優に房総半島まで到達する。ひとたび黒潮に乗れば、鉛直方向の混合に伴う希釈はあるにせよ、さほど薄まることなく、高濃度のまま太平洋岸を移動する。土佐湾、紀伊半島沖、熊野灘、遠州灘、そして伊豆半島沖を経由して房総半島までの一帯を汚染することになりかねない。これは、東に向けて1000kmを超えて影響範囲が出現することを意味する。親潮と黒潮がぶつかり合い、押しつ押されつしていた福島沖とは全く異なる広がり方である。

---

[2]　鹿児島県水産技術開発センター（2002）：「係留系電磁流速計による甑海峡における潮流観測」、「うしお」293号。

[3]　斉藤勉（2009）：「九州南方での水温前線北上に伴う海況変動と海水交換に関する研究」、水研センター研報、第27号。

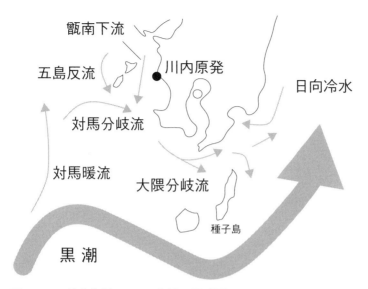

図 3-1-3　薩南海域における海流の概略図

　同時に例えば、豊後水道沖であれば、一部が宇和海方面に侵入し、愛媛県側の漁場を襲い、その一部は、速吸瀬戸を経由して瀬戸内海にも入るであろう。土佐湾のカツオ漁、遠州灘のシラス漁、駿河湾のサクラエビ漁など、各地に特色のある漁業も、事故が起きた時の季節によっては大打撃を食うはずである。要するに鹿児島県から千葉県までの黒潮に関わる海域における漁業は軒並み影響を被ることになる。

　他方、冬から春にかけて甑海峡の東岸側では、黒潮系の水塊が北から北東に向けて移動するという文献もある[※4]。これは、先に見た甑海峡の南下流とは別の要因による動きである。事故の発生する時期によれば、北方向への移動があることも想定せねばならない。九州大学の広瀬の海洋拡散シュミレーション[※5]を図 3-1-4 に示したが、それによると、高濃度の水塊は、九州西岸の北方域に広がり、日本海へ至るとされる。中でも有明海内外では長期にわたって高濃度の状態が続く。私は、甑南下流の存在から南

※4　高木信夫ら（2009）:「冬春季に天草灘・五島灘南部陸棚縁辺部で観測された北‐北東向きの流れの構造と変動」、水産海洋研究、73（3）。
※5　広瀬直毅（2011）:「川内原子力発電所付近を起源とする海水輸送シミュレーション」、日本海洋学会秋季大会。

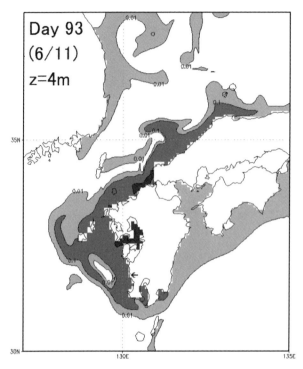

図 3-1-4　川内原子力発電所付近から流出した RI トレーサーの濃度分布
（RI＝放射性同位元素）

へ向かうものの方が多いと考えているが、放出から 3 カ月後の分布が示すように、いずれにせよ、日本海側と太平洋側の両方に放射能が輸送されることは間違いない。とりわけ、3 カ月後の分布には、韓国や北朝鮮が面する日本海の西側にまで広がっていることは重大である。太平洋に対し東に向いて立地する福島事態ではなかったことで、まさに国際問題に発展することは必至である。これは逆も然りで、仮に韓国の原発が事故を起こし、放射能が液体放出されれば、その大部分が日本列島の日本海側に輸送されることは言うまでもない。

　これに大気経由で海に降下する放射性物質による汚染が加わる。事故時の風向きにより、様々なケースが考えられるが、例えば、相当量の降下が考えられる薩摩半島西岸沖では、その多くが甑海峡の南下流の影響を受け

ることになるであろう。また約3割はある西北西から北西へ向いた風で九州の西側沖を流れる対馬海流に降下する場合もありうる。このときは、相当量が、対馬海流により日本海へと輸送されることになる。川内原発は、日本の原発の中で最も南に位置し、黒潮、対馬海流ともども関連があり、一つの原発事故が、日本列島を取り囲む南北の海をともども汚染するのである。海流の上流に位置するがゆえに、海の側から見れば最悪の立地点と言わねばならない。

2 海底土

川内原発の前面の海は水深が浅く、汚染水は表層を移動しながらも、短時間のうちに海底付近に到達するものも多いと思われる。さらに甑海峡とその周辺では、強い潮流に伴う鉛直混合により、多くの物質が下層に輸送され、潮流が停滞する領域で、海底に沈積することが考えられる。これは、瀬戸部の周辺に、砂堆が形成されている領域に相当する。そして時間の経過とともに、汚染された海底土が溶出や巻き上がりにより二次的な汚染源となるのである。

4 海・川・湖の生物への影響

放射能が到達した場に生息している生物は、多かれ少なかれ、到達量にほぼ比例する形で例外なく汚染される。放射能の影響は食物連鎖構造のあらゆる階層に同時的に入り込み、縫い目のない織物（シームレス）としての自然に浸透していく。

1 海の生物汚染

川内原発で福島並みの事故が起きたとき、放射能汚染は、汚染源に最も近い甑海峡をはじめとした九州西岸部、さらには黒潮の影響を受ける太平洋岸、対馬海流の影響を受ける日本海一帯へと及び、広域的に生態系を破壊し、漁業は壊滅的被害を受けることになることが予想される。

川内原発から放射能が流出したとすると、福島と同様、まず表層性のキビナゴやシラス（カタクチイワシ）が汚染される。キビナゴやカタクチイワシの汚染は、それを食べるカジキ、タイ、アジ、サバなどの汚染につな

57

がる。3カ月以上がたつ頃からはアイナメ、ヒラメ、メバルなど底層性魚も長期にわたる汚染を覚悟せねばならない。鹿児島県は、黒潮の影響を受け、ミナミマグロ、ソウダカツオ類、ウルメイワシ、アジ類、シラス、イセエビ、アカイカなどが全国でも有数の漁獲量を上げている。これらの魚種に大きな影響を与えることは必至である。他にもアサヒガニ、ツキヒガイ、トコブシなども名が知られている。ブリ、カンパチ、クルマエビの養殖も盛んであるが、これらも海経由の汚染とともに、大気経由の降下物によっても汚染を受けるであろう。まずは原発に近い海から始まり、数カ月もたてば九州西岸から房総半島に至る太平洋岸の一帯で基準値を超えるものが出るに違いない。また玄海灘から日本海に至る広い範囲でもイワシ、アジ、サバ、ブリ、マグロ、サワラ、スルメイカなど回遊魚の汚染は広域にわたるであろう。言うまでもなく基準値を超えるものは、否応なく出荷停止を意味する。

2 川・湖の生物汚染

大気放出されたものの約60％は陸に向かい、鹿児島市をはじめ陸地に降下する。大気から降下した放射能は、雨水により河川に持ち込まれ、河川泥を汚染する。さらに湖に流入、停滞し、その一部は湖底にまで到達し、プランクトンをはじめ生態系全体が汚染される。鹿児島県で主要な河川は川内川水系であり、湖沼では池田湖がある。川内川をはじめ、アユ、コイ、ウナギ、フナなどが獲られている。河川では、他にも大淀川、球磨川、五ヶ瀬川などの大河川をはじめ多くの河川が汚染にみまわれることは避けられない。池田湖は面積11平方キロメートルの九州最大の湖で、水深233mと深いカルデラ湖で、アユ、コイ、フナ、オオウナギが生息する。水深が深い池田湖は、福島事故による中禅寺湖、赤城大沼などと同様に汚染の長期化が懸念される。福島事故から推測すれば、九州、中四国の各県で基準値を超える淡水魚（アユ、ヤマメなど）が出て、その限りにおいて、長期にわたる出荷停止は避けられない。

本節の分析から、川内原発の再稼働をめぐっては、鹿児島県のみならず、熊本県、長崎県、宮崎県などの九州各県、更には高知県、和歌山県、三重県、愛知県、静岡県、神奈川県、千葉県、更には山口県、島根県、鳥

取県、兵庫県、京都府及び福井県等、実に広域的に漁業者や自治体の意向を聞き、その同意を得ることが不可欠であるという結論が出てくる。場合によっては、韓国側の漁業者、自治体、政府との協議も必要があるはずである。しかるに再稼働を巡る手続きにおいて、これらの問題は全く無視されている。福島事故を踏まえ、改めて当事者とは何かが問われている。

2　玄海原発——対馬暖流が放射能を日本海一帯に輸送——

1　玄海原発で福島のような事態が起きたら

　玄海原発（九州電力）は、佐賀県北部の東松浦郡玄海町の値賀崎に位置し、前面は玄海灘に面している。以下の加圧水型軽水炉（PWR）4基がある。
　1号機、電気出力55.9万kw（1975年10月15日稼働）。
　2号機、電気出力55.9万kw（1981年3月30日稼働）。
　3号機、電気出力118.0万kw（1994年3月18日稼働）。
　4号機、電気出力118.0万kw（1997年7月25日稼働）。
　総電気出力348万kwの規模を有する。原子力規制庁が行った「放射性物質の拡散シミュレーション」等を参考に玄海原発において規制委員会が想定した事態が発生した時、海にいかなる影響が及ぶのか推測する。

2　海へ影響をもたらす4つのプロセス

　福島事故の経緯から玄海原発で事故が起きた時、海へ影響をもたらすプロセスには以下が考えられる。

1　大気からの降下
　図3-2-1は, 原子力規制委員会の拡散シミュレーション[6]による玄海原発についてのサイト出力に対応した事故の場合の拡散予測図である。南西方向に29.1km、東に25.5km、東南東に22.1kmが遠くまで影響する方位になる。海陸風的な構図は鮮明でなく、原発が面する玄海灘のあらゆる方角に拡散する。

———————————
※6　注1と同じ。

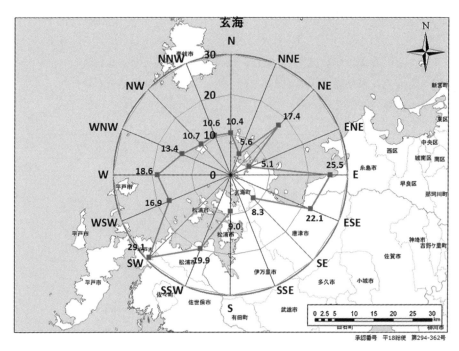

図 3-2-1　玄海原発における「放射性物質の拡散シミュレーション結果」(注1、43頁)

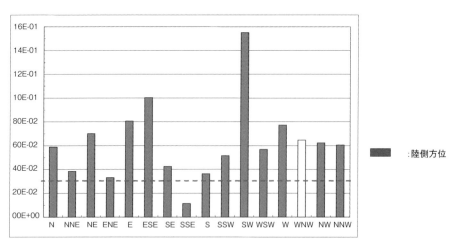

図 3-2-2　玄海原発地点における風下方位の出現確率 (注1、44頁)

60　　第3章　東シナ海、太平洋岸、瀬戸内海の原発

玄海原発における風向きで最も頻度が高いのは、風下方位が南西（SW）方向約16％、次いで東南東（ESE）10％、及び東（E）、西（W）方向、ともに8％である（図3-2-2）。この4つで42％を占める。年間平均の風の分布から見れば、68％以上が海上を拡散する風向である。風向きごとに帯状に降下し、短時間にかなり遠方まで輸送され、海面に相当な負荷がもたらされる。一方、陸上がかかる方位は全体の約48％で、唐津をはじめとした佐賀県、福岡県全域に及び、河川や湖沼・ダムを汚染するであろう。海上と陸上をあわせると100％を越えるのは、南西から南南西、東北東には島や東シナ海があり、両方向とも海上と陸上の双方の性格を持つためである。

　加えて偏西風の影響がある。玄海原発で事故があれば、放射性物質は、福岡市、北九州市を経て瀬戸内海に至り、松山市、高松市、和歌山市など、濃度は下がりつつも東へと輸送されていくはずである。更には、東日本の太平洋側、ひいてはグローバルな大気大循環に乗って、より広範囲に拡散するものもあるに違いない。

2　原発から海への直接的な漏出

　メルトダウンを伴う大事故が発生した時、高濃度の汚染水が原発サイトから流出する可能性が高い。雲仙などの活火山帯に隣接し、直下型の大規模な地震に伴う事故も起こりうる。そのような場合であれば、福島と同様、冷却系統の破綻は複雑で、建屋の地下への漏水も多岐にわたり、海へと通じた地下水への混入を中心に流出ルートはいくつもできる公算が強い。この問題は、福島第1原発と同様、連続的な負荷源となり、終息の見えないまま推移するであろう。

　そして、現実の事故では、1、2が同時に重なったものとして現出する。さらに以下のような二次的な汚染が加わる。

3　陸への降下物の河川・地下水による海への輸送

　山間部などに沿って高濃度の汚染地帯ができ、一旦、落ち着いた分布も、雨に溶け、風により輸送されることで、その分布は変化する。その過程で、河川や湖沼を汚染しつつ、海に流入する二次的な汚染が派生する。

例えば九州山脈にそって南北に高濃度の地帯ができれば、雨に溶け、風に運ばれて、筑後川、中津川、大分川、大野川、球磨川、大淀川など大小さまざまな河川が汚染され、結果として有明海、天草灘、八代海、響灘、瀬戸内海、日向灘などに流入する。佐賀、福岡県内各所にある水源地が汚染されれば、市民の飲み水が危機に瀕することになる。

　いずれにせよ、実際の汚染は、事故発生時の気象条件に左右され、より複雑で、影響を受ける範囲も多岐にわたるであろう。

4　海底からの溶出や巻き上がり

　海底土に堆積した放射能は海底泥から海水へと再溶出したり、台風などの強風による流れ場の変化に伴う巻き上がりにより二次的な汚染をもたらすことになる。

3　海洋環境への影響

1　海水

　放射能は、海に入ったあとは、海水に溶けたり、また微粒子に付着して、流れに伴って海水中を移動、拡散していく。福島沖と異なり、玄海原発の前面には壱岐との間に壱岐水道がある。壱岐の北側は対馬との間に東対馬水道があり、黒潮を主な起源として、東シナ海から日本海へ向けて常に流れる対馬海流が流れている。

　壱岐と松浦半島の間の壱岐水道は、入り組んだ海岸線と多くの島がある比較的浅い海域になっている。ここでは、潮汐に伴って発生する潮流が卓越する。原発に近い仮屋（玄海町）の潮汐は、大潮であれば約2mの干満差があり、上げ潮は北東流、下げ潮は南西流となる往復流であり、福島のように一方向に流れるのとは事情が異なる。こうして行ったり来たりを繰り返しながら、少しずつ残余の流れ（潮汐残差流）によって、水そのものが移動していく。いずれにせよ流入した後、一方向に流れていた福島と比べ海水の移動は緩慢で、海岸付近の高濃度汚染の状態はより長く継続する可能性が高い。また海に入る時の潮時によっても、水粒子の行き先は、全く異なるものとなる。上げ潮が始まった時に流入した場合は、北に向かって動き、数日から1週間程度で響灘に至るであろう。逆に下げ潮時に流入

62　　第3章　東シナ海、太平洋岸、瀬戸内海の原発

図 3-2-3　画像パターンから見た東シナ海東北部の海流図　出典：菱田ら（1990 年）

した場合は、数日内に平戸の方角に移動する。付近には仮屋湾、伊万里湾、唐津湾と奥まった入り江があり、閉鎖性の強いこれらの入り江が汚染された場合には、汚染の長期化が懸念される。

　図 3-2-3 は、当該海域における海流の概略を示したものである[7]。五島列島の南に日本海起源と推定される反時計回りの水温の低い冷水渦がある。このことからも推測されるように壱岐水道には日本海側から南西に向けた弱い流れがあると考えられる。一方で、対馬東水道には、常に北東流があり、時には、その一部が壱岐水道にも流れこみ、水温が高くなることもある[8]。この時には、原発沖には東向きの流れがあると考えられる。

[7]　菱田昌孝ら（1990）；「東シナ海の海流・潮流の分離による対馬暖流・黄海暖流の源流の解明」、海洋調査技術、Vol 2（1）。
[8]　安藤朗彦（2014）；「玄海灘における対馬暖流の流動変化が漁場形成に及ぼす影響に関する研究」、福岡県水産海洋技術研究センター研究報告、第 24 号。

いずれにしろ、原発を起点として壱岐水道の東西を汚染することは必至である。さらに、1～2週間程度の一定の時間を経て、沖合の対馬海流域に入るものが出てくるはずで、その時には、今度は、日本海に向けて一気に輸送される。仮に1ノット（毎秒50cm）の流れとしても、1日に44km、2週間で620km、1カ月で1300kmも輸送される。蛇行などを考慮したとしても、優に青森県沖まで到達する。ひとたび対馬海流に乗れば、鉛直方向の混合に伴う希釈はあるにせよ、さほど薄まることなく、高濃度のまま日本海岸を北へ移動する。山口、島根、鳥取、兵庫、京都、福井、石川、富山、新潟、山形、秋田、そして青森県沖までの一帯を汚染することになりかねない。これは、東に向けて1000kmを超えて影響範囲が出現することを意味する。福島沖とは全く異なる広がり方である。

　さらに大気経由で海に降下する放射性物質による汚染が加わる。これは、事故時の風向きにより、様々なケースが考えられるが、その一部が対馬海流域に降下することは必至である。

2　海底土

　福島では、事故当時、親潮系の海水が原発沖に分布し、南へ向かう流れが卓越していたため、原発から南側の福島県沖と茨城県側の海底に濃度の高い領域ができた。玄海原発の前面の壱岐水道は水深が浅く、汚染水は表層を移動しながらも、短時間のうちに海底付近に到達するものも多いと思われる。さらに壱岐水道では、潮流に伴う鉛直混合により多くの物質が下層に輸送され、潮流が停滞する領域で海底に沈積することが考えられる。さらには、九州西岸が面する東シナ海や福岡県側の響灘と順次、海底土の汚染が広がるはずである。

4　海・川・湖の生物への影響

1　海の生物汚染

　玄海原発から放射能が流出したとすると、壱岐水道を中心に九州北西岸部においてあらゆる種が放射能汚染にさらされる。この海域は、「対馬暖流の分岐流と九州沿岸の流れが交錯して潮目が形成されるなど、漁場としての好条件を備え、様々な魚種が四季折々に回遊するなど漁業資源に恵ま

64　　第3章　東シナ海、太平洋岸、瀬戸内海の原発

れて」※9いる。

　主要魚種としては、マアジ、ケンサキイカがあり、対馬海流系の中型まき網漁業によるマアジ、次いで小型イカ釣り船によるケンサキイカ漁が盛んである。他にもブリ、クロマグロ、サワラ、マサバ、マダイ、ヒラメなど多様な魚種が漁獲される。そして、福島と同様、まず表層性のイカナゴやシラス（カタクチイワシ）が汚染される。カタクチイワシの汚染は、それを食べるマアジ、マサバ、サワラなどの汚染につながる。3カ月以上がたつ頃からはヒラメ、メバルなど底層性魚も長期にわたる汚染を覚悟せねばならない。

　しかし、生物の汚染は、まずは原発に近い海から始まるにしても、先に「3 海洋環境への影響　1 海水」で見たように、1カ月もすれば、対馬暖流の影響を受けて、汚染は九州西岸から日本海側沿岸の一帯に及び、日本海沿岸のいたるところで基準値を超える生物が出るに違いない。言うまでもなく基準値を超える水産物は、否応なく出荷停止を意味する。

2　川・湖の生物汚染

　大気放出されたものの約50％は陸に向かう。大気から降下した放射能は、雨水により河川に持ち込まれ、河川泥を汚染する。さらに湖に流入、停滞し、その一部は湖底にまで到達し、プランクトンをはじめ生態系全体が汚染される。近辺で最も大きな河川は筑後川で、福岡県、佐賀県両県にまたがって、アユ、コイ、オイカワ、フナなどが漁獲されている※10。また、例えば九州山脈にそって南北に高濃度の地帯ができれば、雨に溶け、風に運ばれて、中津川、大分川、大野川、球磨川、五ヶ瀬川、大淀川など大小さまざまな河川が汚染される。九州、中国、四国地方を中心に、そのほか関西地方も含めて広域的に淡水魚が汚染され、操業や出荷ができない状態が続くことは必至である。

※9　長崎県水産部：「長崎県水産業振興基本計画 2011 → 2015」第5章、地域別の取
　　　組方針。
　　　www.pref.nagasaki.jp/suisan/gyosei/kihonkeikaku.html
※10　環境省「筑後川の概要」。
　　　http://www.env.go.jp/press/file_view.php?serial=15038&hou_id=12094

本節の分析から、玄海原発の再稼働をめぐっては、佐賀県のみならず、少なくとも福岡県、長崎県、熊本県、大分県などの九州各県、更には山口県、島根県、鳥取県、兵庫県、京都府、福井県、石川県、富山県、新潟県、秋田県及び青森県の漁業者や自治体の意向を聞き、その同意を得ることが不可欠であるという結論が出てくる。

3 浜岡原発――駿河湾、相模湾、東京湾の汚染が深刻――

1 浜岡原発で福島のような事態が起きたら

浜岡原発（中部電力）は、静岡県中部の御前崎市佐倉の砂浜沿いにあり、前面は太平洋に面している。下記のように沸騰水型軽水炉（BWR）5 基がある。

1 号機、電気出力 54.0 万 kw（1976 年 3 月 17 日稼働）。

2 号機、電気出力 84.0 万 kw（1978 年 11 月 29 日稼働）。

3 号機、電気出力 110.0 万 kw（1987 年 8 月 28 日稼働）。

4 号機、電気出力 113.7 万 kw（1993 年 9 月 3 日稼働）。

5 号機、電気出力 138.0 万 kw（2005 年 1 月 18 日稼働）。

総電気出力 490 万 kw の規模を有する。ここでは、原子力規制庁が行った「放射性物質の拡散シミュレーション」等を参考に浜岡原発において規制委員会が想定したサイト出力に対応した事態が発生した時、海にいかなる影響が及ぶのか推測する。

2 海へ影響をもたらす4つのプロセス

浜岡原発で事故が起きた時、海へ影響をもたらすプロセスには以下が考えられる。

1 大気からの降下

大気経由の放出の状況を具体的に推定するために、先に見た原子力規制委員会の拡散シミュレーションを参考に考える。計算は 2011 年 1 年分の気象データを使用し、各原発で 16 方位につき、それぞれの風向に向けて、放射性物質が扇形、ないし舌状に広がることを想定している。図 3-3-1 は

66　第 3 章　東シナ海、太平洋岸、瀬戸内海の原発

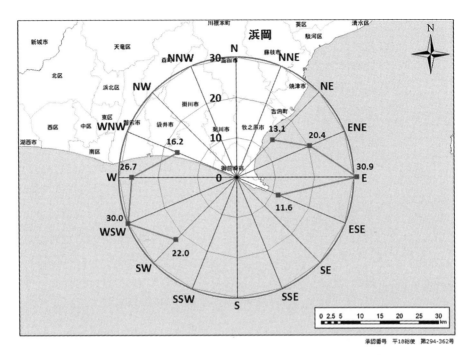

図 3-3-1 浜岡原発における「放射性物質の拡散シミュレーション結果」(注1、19頁)

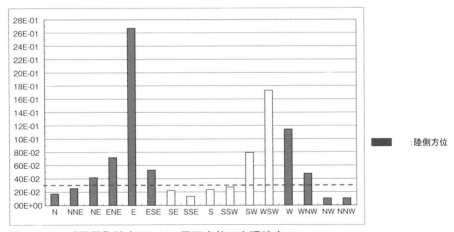

図 3-3-2 浜岡原発地点における風下方位の出現確率(注1、20頁)

67

浜岡原発についての、サイト出力に対応した事故の場合である[11]。原発からの距離に対応した平均的な被曝の実効線量に関するグラフを使用し、国際原子力機関（IAEA）が定めている避難の判断基準（事故後1週間の内部・外部被曝の積算線量が計100ミリシーベルト）に達する最も遠い地点を求め、地図に表している。東方向に30.9km、西南西に30.0kmの方位が最も遠くまで影響することになる。

　浜岡原発における風向きで最も頻度が高いのは、風下方位が東（E）方向約27％、次いで西南西（WSW）17％、及び西（W）方向11％である（図3-3-2）。この3つで55％を占める。これらは、どれも前面の海上を拡散する。年間平均の風の分布から見れば90％弱が海上を拡散する風向である。全体の約43％は駿河湾に向いており、このうち相当量が駿河湾に降下するはずである。風向きごとに帯状に降下し、短時間に思いもよらぬ遠方まで輸送され、海面に相当な負荷がもたらされる。一方、陸上がかかる方位は全体の24％を占め、静岡市をはじめとした静岡県全域に及び、河川や湖沼・ダムを汚染するであろう。海上と陸上をあわせると100％を越えるのは、北東から東には、駿河湾の先に伊豆半島や神奈川県があり、これらは海上と陸上の双方の性格を持っているためである。

　これに加えて福島事故から類推される偏西風の影響である。浜岡で事故があれば、放射性物質は、伊豆半島、箱根を経て横浜市、東京都、千葉市など、濃度は下がりつつも東へと輸送されていき、ひいてはグローバルな大気大循環に乗って、より広範囲に拡散するものもあるに違いない。

2　原発から海への直接的な漏出

　メルトダウンを伴う大事故が発生した時、崩壊熱に対処するため溶融燃料に直接触れた高濃度の汚染水が原発サイトから流出する可能性が高い。その流出の仕方は、事故の起き方によって、色々なシナリオがありうる。浜岡原発は、富士・箱根火山帯に隣接し、直下型の大規模な地震や駿河湾大地震・津波などに伴う事故も起こりうる。そのような場合であれば、福島と同様、冷却系統の破綻は複雑で、建屋の地下への漏水も多岐にわたり、海へと通じた地下水への混入を中心に流出ルートはいくつもできる。

---

[11]　注1と同じ。

この問題は、福島第1原発と同様、連続的な負荷源となり、終息の見えないまま推移するであろう。

そして、現実の事故では、1、2が同時に重なったものとして現出する。さらに以下のような二次的な汚染が加わる。

3　陸への降下物の河川・地下水による海への輸送

山間部などに沿って高濃度の汚染地帯ができ、一旦、落ち着いた分布も、雨に溶け、風により輸送されることで、その分布は変化する。その過程で、河川や湖沼を汚染しつつ、海に流入する二次的な汚染が派生する。例えば南アルプスにそって南北に高濃度の地帯ができれば、雨に溶け、風に運ばれて、富士川、大井川、天竜川など大小さまざまな河川が汚染され、結果として駿河湾、遠州灘、浜名湖、三河湾、伊勢湾などに流入する。静岡県内各所にある水源地が汚染されれば、静岡県民の飲み水が危機に瀕することになる。中部、関東地方を中心に広域的に淡水魚が汚染され、操業や出荷ができない状態が続くことは必至である。いずれにせよ、実際の汚染は、事故発生時の気象条件に左右され、より複雑で、影響を受ける範囲も多岐にわたるであろう。

4　海底からの溶出や巻き上がり

海底土に堆積した放射能は海底泥から海水へと再溶出し、台風などの強風による流れ場の変化に伴う巻き上がりによる二次的な汚染をもたらすことになる。

3　海洋環境への影響

1　海水

海に入ったあと放射能は、海水に溶けたり、また微粒子に付着して、流れに伴って海水中を移動、拡散していく。御前崎の潮汐は、大潮でも干満差が140cm程度であまり大きくはない。潮汐に伴って発生する潮流はあるが、これは往復流である。物質輸送に重要なのは原発が面する海岸沿いの流れであり、そうした沿岸流は地球観測衛星による河川水の拡散状況から推測できる。図3-3-3（グラビア・カラー図）は、ランドサット衛星の

MSS の 4 バンドによる画像※ 12 で駿河湾と遠州灘での河川水の拡散パターンを示している。駿河湾に流入する大井川、安倍川、富士川の河川水は、どれも南に向けて拡がり、天竜川の河川水は、東に向けて流れている。それらは、御前崎で合流し、やや南に湾曲しながら東へ動き、そのまま伊豆半島を超えて相模湾方向に向かう流れと、駿河湾に入っていくものとに二分している。

宇野木ら※ 13 は、こうした画像を多数集めて沿岸の流動を解析し、以下のような結論を導いている。「富士川、安倍川、大井川のプリュームは南に向かう場合が多く、駿河湾西岸沿いの南下流を示唆している」。これは、駿河湾に反時計回りの還流があることを支持している。「天竜川のプリュームの向きは、付近海域ではかられた流れの向きと比較的よく一致している。ここでは東向きのプリュームが多く、遠州灘の沿岸は東流の傾向が強い」。

ところで、御前崎の沖合には黒潮が流れており、その離岸状況に対応して沿岸流の傾向が異なっている。黒潮の離岸状況には、図 3-3-4 のように大きく 3 つのパターンがある※ 14。

1) 非大蛇行接岸型―本州の南岸近くを直進する型。

2) 非大蛇行離岸型―本州南岸にほぼ沿って流れるが、遠州灘沖で小さく蛇行する型。

3) 大蛇行型―紀伊半島から遠州灘沖で南へ大きく蛇行して流れる。

このそれぞれにより、御前崎沖などでの水塊の性質や流れの特徴が異なってくる。3) の大蛇行の時は、天竜川の水は東に流れている場合が多い。下層の冷たい海水がわき上がるため沖合に冷水塊が発生し、反時計回りの環流が形成される。「しかしその北縁の西向きの流れは岸近くまでには達していない」。「そしてごく岸近くには逆に東向きの反流が存在している」※ 15。一方、黒潮が直進型の場合には、天竜川の水は、西向きの場合と東向きの場合が確認されている。以上より、御前崎のすぐ西側にある浜岡

※ 12　NASA ホームページより。http://landsatlook.usgs.gov/viewer.html
※ 13　宇野木早苗ら（1985）：「LANDSAT 画像から見た駿河湾・遠州灘沿岸の流動」、水産海洋研究会報、第 47・48 号。
※ 14　気象庁（2005）；「本州南方海域の黒潮の流れについて」。
※ 15　注 13 と同じ。

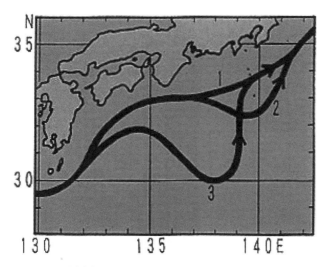

図 3-3-4 本州南岸を流れる黒潮の典型的な流路。1 非大蛇行接岸型、2 非大蛇行離岸型、3 大蛇行型。

原発の前面における沿岸流は東向きの場合が多いと考えられる。従って、原発から放出された放射能は、図3-3-3のように、東へと輸送され、伊豆半島の南で、そのまま相模湾方向に向かうものと駿河湾に入っていくものにわかれると考えられる。

さらに黒潮の本流に乗れば、速度は毎秒0.5〜2.5mはあるので、1日で50〜240kmも移動する。数日で房総半島まで到達することになる。ひとたび黒潮に乗れば、鉛直方向の混合に伴う希釈はあるにせよ、さほど薄まることなく、高濃度のまま太平洋岸を東に移動する。その一部が東京湾に流入していくことも十分考えられる。親潮と黒潮がぶつかり合い、押しつ押されつしていた福島沖とは全く異なる広がり方である。さらに大気経由で海に降下する放射性物質による汚染が加わる。これは、事故時の風向きにより、様々なケースが考えられるが、駿河湾、相模湾には相当量が降下すると考えられる。

2 海底土

福島では、事故当時、親潮系の海水が原発沖に分布し、南へ向かう流れ

71

が卓越していたため、原発から南側の福島県沖と茨城県側の海底に濃度の高い領域ができた。浜岡原発の場合、海水の移動について見た拡がり方をする確率が高いので、それに対応して、海底土の汚染分布も決まっていくであろう。

4 海・川・湖の生物への影響

1 海の生物汚染

遠州灘、駿河湾ではシラス漁が盛んで生産額は全国1位（2013年）である。浜岡原発から放射能が流出したとすると、福島と同様、まずともに静岡県にとって最も重要な水産物である表層性のシラス（カタクチイワシやイワシの稚魚）が汚染される。

この汚染は、それを食べるタイ、アジ、サバなどの汚染につながる。3カ月以上がたつ頃からはヒラメ、メバルなど底層性魚も長期にわたる汚染を覚悟せねばならない。

また駿河湾には、そこだけしか獲れないサクラエビ漁もある[16]。「さくらえび」は、体長4～5cm位で、体の表面に約160カ所の発光体をもつ寿命1年ほどの動物プランクトンである。透明で美しい桜色をしていて、海の宝石と呼ばれる。駿河湾に放射能が流入すれば、サクラエビも汚染されることは避けられない。

原発から西の福田漁港（磐田市）では、上記の他にも、カツオ、ゴマサバ、マアジ、クロマグロ、スルメイカなどの回遊魚やマダイ、マゴチ、ヒラメ、クロダイ、タチウオなどが水揚げされる。伊豆半島近海では、キンメダイやムツも獲れる。放射能は、これらの魚種に大きな影響を与えることは必至である。

浜岡原発で福島並みの事故が起きたとき、放射能汚染は、汚染源に最も近い駿河湾、遠州灘、そして相模湾にもすぐに影響が出るであろう。さらには黒潮の影響を受け、房総半島や東京湾へと及び、広域的に生態系を破壊し、漁業は壊滅的被害を受けることになる。これらの領域一帯では基準値を超えるものが続出するであろう。それは、否応なく出荷停止を意味する。

---

[16] 静岡県水産振興課：「静岡県の水産業について」。

72 第3章 東シナ海、太平洋岸、瀬戸内海の原発

2 川・湖の生物汚染

大気放出されたもので陸に向かうのは約24％とやや少ないが、30km圏内には、焼津市、島田市、掛川市、袋井市などの町が存在する。大気から降下した放射能は、雨水により河川に持ち込まれ、河川泥を汚染する。さらに湖に流入、停滞し、その一部は湖底にまで到達し、プランクトンをはじめ生態系全体が汚染される。富士川、大井川、天竜川など有数な河川は、アユ、イワナ、ヤマメ、ウグイ、コイ、ウナギなどが獲られている。浜名湖は、海水の影響が強く、海の魚介類の方が多いが、大きな影響を受けるはずである。福島事故から推測すれば、愛知、長野、神奈川県等にも基準値を超える淡水魚（アユ、ヤマメなど）が出て、その限りにおいて長期にわたる出荷停止は避けられない。

本節の分析から、浜岡原発の再稼働をめぐっては、静岡県のみならず、神奈川県、愛知県、東京都、千葉県などの各県の漁業者や自治体の意向を聞き、その同意を得ることが不可欠であろう。

4 伊方原発——瀬戸内海文化圏を破壊する——

1 伊方原発で福島のような事態が起きたら

伊方原発（四国電力）は、愛媛県西宇和郡伊方町にあり、日本列島を外帯と内帯に分離する中央構造線の極く近傍に位置し、瀬戸内海の伊予灘に面している。以下の加圧水型軽水炉（PWR）3基がある。

1号機、電気出力56.6万kw（1977年9月30日稼動）。

2号機、電気出力56.6万kw（1982年3月19日稼動）。

3号機、電気出力89万kw（1994年12月15日稼動）。

総電気出力202万kwの規模を有する。

晴れた日に、伊方原発のサイトから伊予灘を眺めると、山口県、愛媛県の島嶼部が一望でき、多島海の瀬戸内らしい美しい風景が広がっている。その中には、中国電力の原発予定地である上関町も含まれる。しかし福島事故を経験した今、もし同じ事態が伊方原発で起きたら、見えている

73

海は、大量の放射性物質で汚染され、島々は強制避難地帯になる恐れがある。風景の意味が一変してしまったことを認識せざるを得ない。ここでは、原子力規制庁の「放射性物質の拡散シミュレーション」を参考に、伊方原発において規制委員会が想定した事態が発生した時、いかなる状態が出現し、瀬戸内海はどうなるのかにつき推測する。

2　海へ影響をもたらす４つのプロセス

　福島事故の経緯から伊方原発で事故が起きた時、瀬戸内海をはじめとした海へ影響をもたらすプロセスには以下が考えられる。

1　大気からの降下

　大気経由の放出の状況を具体的に想定するために、先に見た原子力規制委員会の拡散シミュレーション[17]を参考に考える。図3-4-1は伊方原発の場合である。風向別平均の実効線量の距離に対する濃度が示された図により、100kmまでの値が推算できる。伊方原発では、拡散する方向で最も頻度が高いのは、南南西（SSW）方向23％、次いで北北西（NNW）13％、ないし北（N）方向9％である（図3-4-2）。この３つで45％を占める。SSWは、宇和海から豊後水道、NNWないしNは、伊予灘及び広島湾方面となる。

　年間平均の風の分布から見れば、半分近くが南北方向に拡散し、その相当部分が、伊予灘・広島湾と豊後水道・宇和海に降下すると考えられる。風向きに応じて帯状に降下し、短時間の内にかなり遠方まで輸送され、海面に相当な負荷がもたらされるであろう。海面に降下した後は、その場の潮流により拡散していく。これらの過程で、海上を生活の場とする漁業者、船乗り、そして旅客など多様な市民が直接的に被曝を受けることは言うまでもない。

　加えて、福島事故で大気に放出された放射性物質の８割は太平洋に降下したとみられていることから、伊方で事故があれば、放射性物質は基本的に東に向けて移動する。東に60kmの松山、190kmの高松、300kmの大阪と濃度は下がりつつも、輸送されていくはずである。その一部は、東日本の太平洋側や、ひいてはグローバルな大気大循環に乗って、より広範囲

※17　注1と同じ。

74　　第3章　東シナ海、太平洋岸、瀬戸内海の原発

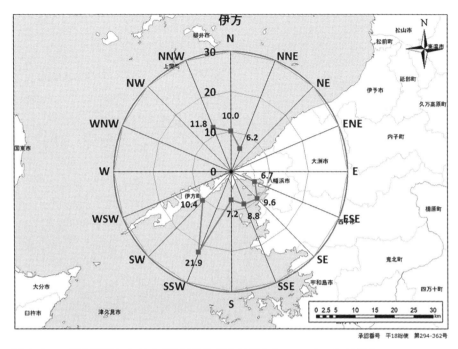

図 3-4-1　伊方原発における「放射性物質の拡散シミュレーション結果」(注1、40頁)

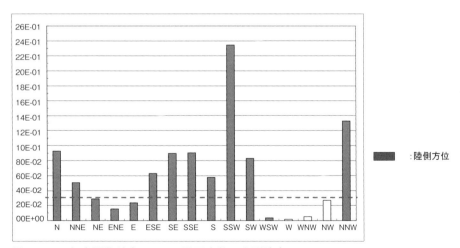

図 3-4-2　伊方原発地点における風下方位の出現確率 (注1、41頁)

に拡散するものもあるはずである。

2 原発から海への直接的な漏出

大気からの降下に少し遅れて、原発サイトからは、崩壊熱へ対処するため溶融燃料に直接触れた高濃度の汚染水が流出する可能性が高い。その流出の仕方は、事故の起き方によって、色々なシナリオがある。伊方原発は、一定の時間が経過しているとはいえ、日本列島では最大規模の大断層である中央構造線が、近隣を東西に走っており、地震に伴う事故が起きる可能性を秘めている。2016 年 4 月に発生した熊本地震は、中央構造線付近の深さ 10 数キロメートルを震源としており、ほぼ同じ構造下にある伊方周辺でも同様の事態が発生しうることを想起させる。そのような場合であれば、冷却系統の破綻は複雑で、建屋の地下への漏水も多岐にわたり、海へと通じた地下水への混入を中心に流出ルートはいくつもできる。蒸気発生器などでの配管の破損などが要因であれば、地下のひび割れからの漏えいは少なく、水路のようなものに沿って海に流出するであろう。この問題は、福島第 1 原発と同様、連続的な負荷源となり、終息の見えないまま推移するであろう。

現実の事故では、1、2 が同時に重なったものとして現出することになる。

さらに事故直後に集中して放出された放射性物質による一次的な汚染から一定の時間を経て、原発自体からの放出量は減っても、海への問題は次の 2 つのプロセスが二次的に加わる。

3 陸への降下物の河川・地下水による海への輸送

事故時の気象条件に対応して、山間部などに沿って高濃度の汚染地帯ができる。一旦、落ち着いた分布も、雨に溶け、風により輸送されることで、その分布は変化する。その過程で、河川や湖沼を汚染しつつ、最終的には海に流入する二次的な汚染が派生する。例えば四国山脈にそって東西に高濃度の地帯ができれば、雨に溶け、風に運ばれて、四万十川、肱川、吉野川、加茂川や那珂川が汚染され、結果として燧灘、紀伊水道や土佐湾に流入する。香川県の水がめである吉野川上流の早明浦ダム（高知県）が汚染

されれば、香川県民の飲み水が危機に瀕することになる。北方向へ向かって山口県西部から広島県方面、さらには中国山地に降下した放射能は、小瀬川、太田川、黒瀬川、沼田川、芦田川などを汚染し、それぞれの面する広島湾や備後灘に流入するであろう。豊後水道に向かったものの一部が、大分県や宮崎県の陸地部に降下して、それぞれ河川や地下水により、豊後水道や太平洋に流れ込むことも考えられる。この推測は、ひとえに事故発生時の気象条件に左右されるので、ここで示したものはあくまでもひとつの例である。伊方原発で事故が発生した場合も、四国、中国地方を中心に、そのほか九州、関西地方も含めて広域的に淡水魚が汚染され、操業や出荷ができない状態が続くことは必至である。

　瀬戸内海には、本州側、四国側と2つの海陸風系があり、その境界となる島嶼部に多くの放射性物質が降下することが考えられる。いずれにせよ、実際の汚染は、より複雑で、影響を受ける範囲は広大で、多岐にわたるであろう。

4　海底からの溶出や巻き上がり

　瀬戸内海は、停滞性が強く平均水深38mと極めて浅い海で、相当量が沈降する可能性があり、この問題は、福島以上に懸念される。伊予灘、宇和海はやや深いが、それでも、水深は約50mなので、すぐに海底付近に到達する。特に瀬戸部においては、鉛直混合が著しく、放射能は下層に入り、流れが停滞する場所に沈降する。これは、砂堆が堆積している場所に相当する。そして海底に蓄積された放射性物質は、じわじわと再溶出し、台風などの強風による流れ場の変化に伴う巻き上がりにより海水に移行し、二次的な汚染をもたらすことになる。

3　瀬戸内海の特徴

　伊方原発は、唯一、内海に位置する原発なので、ここで放射能が流入する入れ物としての瀬戸内海の特徴について、整理しておく。大小千有余の島々が点在し、多島海と白砂青松で知られる瀬戸内海は、紀伊水道、豊後水道、及び関門海峡の3つの入り口を持ち、東西約450km、南北15～50km、面積約2万3000平方キロの国内最大の内海である。しかし、米国

の五大湖の中で小さい方のエリー湖とほぼ同じ面積で、国際的にはさほど大きい入れ物ではない。東日本大地震の震源となった断層面と比べ、長さはほぼ同等であるが、幅がやや狭い。平均水深は約38mと極めて浅い。大阪湾から周防灘まで、浅くて広い灘・湾と、深くて狭い瀬戸が、交互に数珠つなぎになっている構造に特徴があり、これが豊かさをもたらす根拠の一つとなっている。流れは、潮汐により発生する潮流が支配的である。潮流は往復流であるため、流れが往復する際に生じる残差成分による潮汐残差流というわずかな流れが正味の物質輸送を作り出すだけである。地形的に「閉鎖性の強い水域」のため海水は入れ替わりにくい。灘単位の交換はおよそ数カ月であるが、瀬戸内海の海水の90%が変わるのに1年半から2年かかるといわれる[18]。

　他方で、瀬戸内海は、昔から豊穣の海と呼ばれ、生物相の豊かな海で、地中海などと比べても単位面積当たりの漁獲量は1桁大きい。世界最高レベルの生産性を有し、多様な生物が人々に恵みを与えてくれる場である。この豊かさは、潮流と地形の相互作用による瀬戸部における渦の形成により、海水の鉛直混合が促進されることで、栄養が何度も利用され、利用効率が高いことに由来する。

　潮流を作り出しているのは、海面の高さが規則的に上下する潮汐である。星と星の間には万有引力なる力が働きあっているが、これは、固体だけでなく、海洋など地球流体にも作用している。潮汐は、地球が自転していることで、地球の直径分だけ星との距離が変動するために、万有引力が周期的に変化することで起こる現象である。つまり潮汐は、地球外の星、主に月と太陽の引力によって引き起こされている。潮汐によって発生する潮流が、瀬戸内海の豊かさを生みだしているとすれば、月や太陽などの星が、地球上の海の豊かさを生み出していることになる。実に不思議なことである。

　そして、生物は、地球外の宇宙が作り出す潮汐に依存し、そのリズムのなかで、それぞれの生活史を形成している。生きた化石として知られるカブトガニは、夏の大潮の満潮に合わせて産卵活動をする。カキ、アサリな

---

[18]　藤原建紀（1983）;「瀬戸内海水と外洋水の海水交換」、海洋気象学会誌『海と空』、第59巻、No.1。

どの貝類、カニなど海辺に住む生物も、初期のステージでは、同様に卵を
海水中に放出し、潮流に乗りながら孵化し、プランクトンをえさとして生
きている。

　シルクロードの命名で知られるドイツの地理学者フェルディナント・
フォン・リヒトホーフェンが、1868年に米国から中国への船旅の途中、
瀬戸内海を通り、次のように瀬戸内海の風景と人の営みを絶賛した。「広
い区域に互る優美な景色で、これ以上のものは世界の何処にもないであら
う。将来この地方は、世界で最も魅力のある場所のひとつとして高い評価
をかち得、沢山の人を引き寄せるであらう。ここには到るところに生命と
活動があり、幸福と繁栄の象徴がある。《中略》かくも長い間保たれて来
たこの状態が今後も長く続かんことを私は祈る。その最大の敵は、文明と
以前知らなかった欲望の出現とである」[19]

　リヒトホーフェンの懸念から1世紀と少しを経た1977年、瀬戸内海の
一角で、伊方原発（四国電力）が稼動を始めた。宇宙が産み出す天然の恵
みの場であることを見据えることなく、その中に見方によっては核分裂生
成物（「死の灰」）製造工場とも言うべきものが出現したのである。これは、
リヒトホーフェンが、将来の最大の敵とした「以前知らなかった欲望の出
現」そのものである。当時、瀬戸内海では、臨海コンビナートの造成によ
り藻場・干潟の消滅、赤潮・貧酸素水塊の慢性化、大気汚染などの自然破
壊が各地で進行していた。

4　海洋環境への影響

1　海水

　福島沖と異なり、閉鎖性海域である瀬戸内海は、潮汐に伴って発生する
潮流が卓越している。これは往復流であり、福島のように、一方向に流れ
るのとは事情が異なる。伊方海域では、上げ潮により東に向かうが、6時
間を経て流れがとまり、今度は逆に下げ潮により西に向かう。こうして
行ったり来たりを繰り返しながら、少しずつ残余の流れ（潮汐残差流）に
よって、水そのものが移動していく。図3-4-3は、伊方沖での残渣流の分

---

[19]　リヒトホーフェン（1943）：『シナ旅行日記』、海老原正雄訳、慶応書房。

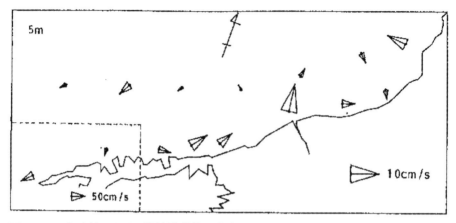

図 3-4-3　伊方沖における潮汐残差流の分布（水深 5m 層）

布図[20]である。微弱ではあるが、北東方向の流れがあり、仮に毎秒 3cm とすれば、1 日に約 2.6km 移動することになる。従って、一方向に流れていた福島と比べ、伊方では海水の移動は緩慢で、高濃度汚染の状態はより長く継続する可能性が高い。

　海に入る時の潮時によっても、その粒子の行き先は、全く異なるものとなる。上げ潮が始まった時に流入した場合は、東に向かって動き、数日から 1 週間程度で中島水道など安芸灘や広島湾に通じる瀬戸部に至る。瀬戸部で鉛直に混合された後、安芸灘や広島湾に入っていくものが相当出るはずである。逆に、下げ潮が始まった時に流入した場合は、数日中に速吸瀬戸の影響域に移動し、そこで、鉛直に混合された後、別府湾や周防灘、豊後水道に行くものが出てくるであろう。このようにして、徐々に幅広く分散していく。佐多岬の先端にある速吸瀬戸の周辺は、流れが速いため、身のしまった魚がとれ、関サバとか関アジとして著名であるが、これらが汚染されることは避けられない。

　先に述べたように瀬戸内海における海水の入れ替わりは遅く、灘単位ではおよそ数カ月、全域の海水が 90 パーセント替わるのに少なくとも数年はかかると言われている。伊予灘の海水は約 2 カ月で入れ替わる。そのく

---

[20]　柳哲雄（1992）：「伊予灘三崎半島沖の漁場環境 IX」、『愛媛大学工学部紀要』、第 12 巻、第 3 号。

らいの時間スケールで、徐々にとなりの灘へ移動し、西瀬戸内海の全域に及ぶことになる。

　これに大気経由で海に降下する放射性物質による汚染が加わる。これは、事故時の風向きにより、様々なケースが考えられるが、西風の影響を考慮すると大阪湾を含め東瀬戸内海でも相当な海水汚染が発生する可能性もある。

　大気経由の降下物は、とりあえず一時的に供給されるものである。たとえば、相当量の降下が考えられる豊後水道・宇和海を考えてみよう。ここも、降下する場所により状況は大きく異なる。速吸瀬戸の影響を直接受ける場所であれば、瀬戸の強い潮流に伴う鉛直混合で、希釈されつつ、伊予灘・周防灘に入っていくものが相当でるであろう。豊後水道の東南部の場合には、断続的に起こる急潮と言う黒潮系水が浸入してくる現象に伴い、海水が入れ替われば、比較的早く沖合いに出て行く。これは、豊後水道にとっては救いであるが、沖合いの黒潮系水を汚染することになり、少なくとも銚子までの太平洋岸を汚染する源となる。

　後述するように、山間部や陸に降下したものが河川経由で瀬戸内海に流入して来る放射性物質もあり、主に河口周辺で濃度が高い状態が出現するであろう。いずれにせよ、福島の事故と比べ、海水が拡散しにくく、ひどい汚染にさらされることは必至である。福島で、1リットル当たり1ベクレル以下になるのに5カ月かかったことから、同じレベルに低下するには、少なくともその倍以上の時間がかかってもおかしくはない。

2　海底土

　瀬戸内海は水深が浅いため、汚染水は表層を移動しながらも、短時間のうちに海底付近に到達するものが多いであろう。さらに瀬戸部とその周辺では、強い潮流に伴う鉛直混合により、潮境といわずとも、多くの物質が下層に輸送され、潮流が停滞する領域で、海底に沈積する。これは、瀬戸部の周辺に、砂堆が形成されている領域に相当する。そこは、イカナゴの産卵場であり、成魚が夏眠をする生息地である。その砂場が汚染されていれば、当然、イカナゴの汚染は、世代を超えて継続する。これは、生態系構造の基本をなす低次生態系の長期汚染になるため、生態系全体が、いつ

までも汚染を引きずる結果をもたらす。海底を生息の場とし、海底付近の小動物を捕食する魚類にとっては、きわめて深刻な事態が想定される。

5 海・川・湖の生物への影響

1 海の生物汚染

放射能が到達した場に生息している生物は、多かれ少なかれ、到達量にほぼ比例する形で例外なく汚染される。

仮に伊方原発から放射能が流出したとすると、福島と同様、まずイカナゴやシラス（カタクチイワシ）が汚染される。伊方の近くには、中島など砂堆が残っている海域が多く、イカナゴが産卵し、夏眠をする生息地となっている。またカタクチイワシの産卵場として伊方原発の面する伊予灘はもっとも重要な海域である。イカナゴやカタクチイワシの汚染は、それを食べるタイ、サワラといった高級魚の汚染につながる。中島周辺から周防灘一帯は、瀬戸内海で激減している小さなクジラ、スナメリクジラの一定の生息が現在も確認されている海域である[21]。しかし、餌であるイカナゴが高濃度に汚染されれば、スナメリクジラも大きな打撃を受けることは必至である。

次いで、福島の事例から推して、スズキ、クロダイ、タチウオなどの中層性魚は、高濃度に汚染したものが、広域的に出現するであろう。まずは、伊方原発に近い西瀬戸内海から始まり、1年もたてば瀬戸内海全域において基準値を超えるものが出るはずである。

さらに瀬戸内海の平均水深は約 38m で、放射能が海底付近に到達するのに、さほど時間はかからない。その意味では、カニ、エビ、ナマコ、タコなど海底で暮らす無脊椎動物の汚染も懸念される。福島であったように、3カ月以上がたつにつれ、アイナメ、ヒラメ、カレイ、メバルといった底層性魚も、長期にわたる汚染を覚悟せねばならない。要するに、伊予灘をはじめ、隣接する安芸灘、広島湾、周防灘、別府湾、さらに豊後水道などでは、生態系を構成するあらゆる段階で汚染が進行することになる。

福島第 1 原発港湾内でアイナメやシロメバルの 1kg 当たり 10 万ベクレ

---

[21]　湯浅一郎（2003）：「瀬戸内海の小動物、その変遷、No10. 減少著しいスナメリクジラ」、『瀬戸内海』、No.34。

ルを超える超高濃度汚染魚が相次いで出現したメカニズム、その生態系への影響を考察することは重要な意味を持つ。福島では、これが原発の港湾内で起きたが、伊方原発では、伊予灘自体が閉鎖性が強く、流れが往復流であるため、より広範囲に起こることが懸念される。

　広島湾のカキ養殖は、はじめは大気経由の降下物、1カ月後以降は、原発から水として海に入った放射性物質によって、二重の形で汚染を受けるであろう。備讃瀬戸から大阪湾にいたるのり養殖も、大気経由の降下物の汚染が懸念される。

　その上、2章でもふれたが本質的に問題なのは、放射能汚染による個々の生物の繁殖力の低下、遺伝的変化、そして、それらが織りなす食物連鎖構造への長期的な影響である。

　伊方原発の位置と風向の頻度からみると、伊予灘、豊後水道・宇和海では、海水の汚染が深刻な状態になり、特に閉鎖性の強い、内海側の伊予灘では、その長期化が懸念される。さらに西瀬戸内海、ひいては瀬戸内海全域にわたっても、相当な海水の汚染が継続すると考えられる。それは、海底土への堆積においても同じである。

　海水の汚染が深刻であれば、伊予灘、及びその周辺に位置する周防灘、別府湾、広島湾、安芸灘においては、放射性セシウムが1kg当たり基準値100ベクレルを超える水産生物が、あらゆる種にわたって出続ける可能性が高い。それは、即ち、事故から丸5年が経つ現在の福島県沖がそうであるように、西瀬戸内海では多くの種で操業自粛や出荷停止が続き、基本的に漁業ができない事態が継続するということである。さらに福島事故での広域にわたる汚染から推測すると、スズキ、クロダイ、ヒラメなどを中心に瀬戸内海の全域規模でも出荷停止が継続するかもしれない。

2　川・湖の生物汚染

　大気放出されたもので四国の陸地に向かうのは、約22％でやや少ない。30km圏内には、八幡浜市、大洲市、宇和島市があり、さらに伊予市、松山市と続いている。大気から降下した放射能は、雨水により河川に持ち込まれ、河川泥を汚染する。さらに湖に流入、停滞し、その一部は湖底にま

で到達し、プランクトンをはじめ生態系全体が汚染される。福島のように四国山脈にそって放射能雲が拡散すれば、肱川、四万十川、加茂川、仁淀川、吉野川と四国の主要河川では、どの河川でもアユ、ウナギ、アマゴ、コイ、フナなどが軒並み汚染されてしまうであろう。香川県の水がめである早明浦ダム湖が汚染されれば、飲み水汚染ということで、深刻な事態になる。福島事故から推測すれば、四国各県はもとより、中国、九州の各県でも基準値を超える淡水魚（アユ、ヤマメなど）が出て、その限りにおいて、長期にわたる出荷停止は避けられない。

　主要な物質であるセシウム、ストロンチウムの半減期は約30年である。30年で半分、60年たっても4分の1が残る。従って、少なくとも60年は漁業操業はできない。農漁業の一世代は、せいぜい30～40年であるから、瀬戸内海の沿岸漁業の技術、人材、歴史、伝統は消失してしまう。これは、大げさでなく瀬戸内海における水産業の壊滅を意味する。漁業は一つの文化である。海を媒介として成立し、数千年以上に渡り近畿圏と大陸をつなぐうえで重要な役割を果たした瀬戸内文化圏にとって、漁業が半世紀以上にわたり操業できないということは、ほとんど文化圏の死をも意味する。
　さらに深刻なことは、漁業だけでなく、その基礎である瀬戸内海の沿岸生態系の破壊が継続することである。瀬戸内海の生態系は、1960年代半ばからの工業化と富栄養化などにより、既に多くの負の変化を経験している[22]。近年、瀬戸内海の水産生物の多様性が低下し、しかも変動も顕著になってきており、漁業を支える生物群集の構成が不安定化している。そして、生態系構造の中で、イカナゴやカタクチイワシと同じ位置にいるクラゲの大量発生に象徴されるように、餌となる動物プランクトンの配分が不健全になっていることが問題になっている。放射能汚染は、そうした貧相で不安定な生態系の現状をより悪化させることになりかねない。
　以上、見たように、伊方原発で福島並みの事故が起きたとき、放射能汚染は、多様で、広大で、自然の中に深くしみ込み、瀬戸内海が深刻な打撃

※22　日本の里山・里海評価―西日本クラスター瀬戸内海グループ（2010）；「里山・里海：日本の社会生態学的生産ランドスケープ―瀬戸内海の経験と教訓―」、国際連合大学、東京。

を受けることは必至である。汚染源に最も近い伊予灘、隣接する周防灘、別府湾、広島湾、安芸灘などを含めた西瀬戸内海、さらには瀬戸内海の全域へと、汚染度の違いはあれ、広域的に生態系を破壊し、漁業は壊滅してしまうであろう。さらに瀬戸内海は、漁船だけでなく、輸送船や旅客フェリーなどが行きかう世界的にも海上交通量の多いところで知られている。突然の事故で大気に放出された放射能が、それらの船舶を襲い、乗員・乗客が極めて高濃度の汚染を受けるかもしれない。さらに海水汚染の長期化により、船舶の海洋汚染が問題となり、航行が不可能になり、様々な産業の操業停止などを引き起こすであろう。域内の臨海コンビナートでは、多くの企業が海水を冷却水として使用しているため、プラントが放射能汚染されることになる。これによっても操業停止に追い込まれる事態が相次ぐ可能性が高い。

伊方原発の再稼働をめぐっては、愛媛県をはじめとした四国四県のみならず、少なくとも山口県、広島県、岡山県、兵庫県、大阪府、大分県、福岡県、宮崎県、熊本県など中四国九州各県の漁業者や自治体の意向を聞き、その同意を得ることが不可欠であると言う結論が出てくる。

5　横須賀にいる米原子力空母
——福島事故後、日本列島で唯一稼動していた原子炉——

1　米原子力空母で福島のような事態が起きたら

原子力規制庁が行った「放射性物質の拡散シミュレーション」に含まれていない重要な問題がある。神奈川県横須賀港を事実上の母港とする米原子力空母が搭載する2基の原子炉に関する災害評価である。2011年3月11日の福島事態の後、日本列島の周辺において、唯一稼動していたのは、この米原子力空母「ジョージ・ワシントン」（以下、GW）の2基の原子炉だけである。にもかかわらず、不思議なことに、これは完全に治外法権のままである。そして、1隻の軍艦に搭載されたままPWRという軽水炉が稼動し続けていたことは厳然たる事実である。同空母には、熱出力60万

85

kw の原子炉が 2 基搭載されている[23]。これは、福島第 1 原発 1 号炉にほぼ匹敵する。

例えば、2014 年における原子力空母「ジョージ・ワシントン」の航跡をたどる[24]と、年の前半は、ほとんど横須賀にいた。8 月 2 日〜5 日、佐世保に立ち寄り、すぐにまた横須賀に戻っている。演習に参加するために、グアム、マニラと経由して、12 月初め横須賀に戻る。260 日、横須賀にいて、残りは日本列島の太平洋岸、北太平洋の北側をグアムへ向け、北赤道海流に沿ってマニラに行き、黒潮に乗りながら横須賀に戻ってきた。1 年の 63% は横須賀にいたことになる。年によると、米韓合同演習に際して、プサンを訪問し、日本海や東シナ海での演習が大体、ついてまわる。いずれにせよ、日本列島の周辺から朝鮮半島が主な行動の領域である。

ここでは、横須賀に停泊しているときに何がしかの理由により炉心溶融に至る事故が発生した時、想定される事態につき検討するが、航海中の洋上においても事故が起きない保証はない。併せて、福島事故直後の同艦の航海日誌から、太平洋の排他的経済水域（EEZ）内で、放射性の液体・気体を放出していた事実が明らかになっているので、これについても付記したい。

2 海へ影響をもたらす 4 つのプロセス

福島事故の経緯も参考にすると、横須賀港で米原子力空母の事故が起きた時、海へ影響をもたらすプロセスは、これまで見てきた原発と基本的には同じはずで、4 つが考えられる。

1 大気からの降下

これまでに見た原子力規制委員会の拡散シミュレーションでは原子力空母は対象外である。「ジョージ・ワシントン」配備前のファクトシートに対する反論書において、上澤[25]が行った評価は、全数致死線量に相当

---

[23]　「米国の原子力軍艦の安全性に関するファクトシート」（2006 年 11 月）。www.mofa.go.jp/mofaj/area/usa/hosho/kubo_jyoho_02.html
[24]　リムピース・ホームページ。
[25]　上澤千尋ら（2006）；「米軍原子力空母原子炉事故の危険性と情報の非開示−『合衆国原子力軍艦の安全性に関するファクトシート』に対する反論書−」

86　　第 3 章　東シナ海、太平洋岸、瀬戸内海の原発

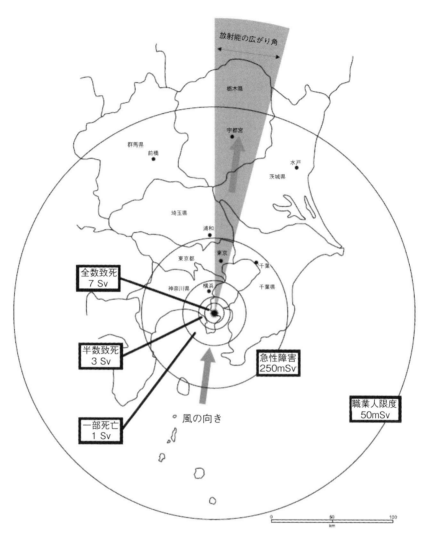

図 3-5-1　横須賀の原子力空母での事故に伴う放射能の広がりと被曝の影響
　　範囲（風速 4.0m/s、南南西の風）

する全身被曝線量7シーベルトになる範囲が空母から8キロに及ぶとしている。米ラスムッセン報告の事故ケースPWR2を想定し、冷却系が故障して炉心溶融が起き、格納容器に充満していた放射能が環境に噴出したとする。放出する放射能は、炉内に内蔵するもののヨウ素70%, 放射性セシウム50%になると、かなり高い割合を想定している。その結果、放出量は、例えば放射性セシウムで9×10^{16}(9京)ベクレルという膨大なものになる。これは、福島事故での放出量の約5倍に相当する。これを条件に、瀬尾モデルにより環境中での拡散と被曝線量を計算した。風向きが南南西で東京やさいたま市に向かって放射能が広がる場合についての結果を図3-5-1に示す。横浜市北部や多摩川の河口辺りまでは、著しい急性障害・一部死亡になる1シーベルトの範囲である26キロ内に入る。更に急性障害が生じる60キロ範囲は、東京都心やさいたま市の一部も含まれるという驚くべき結果である。風向きにもよるが、大気に放出された放射能の一部は、浦賀水道や、東京湾の奥部に降下するであろう。南西の風が主に吹いていれば、東京湾への降下は最も大きくなる。

2 空母から海への直接的な漏出

メルトダウンを伴う大事故が発生した時、崩壊熱に対処するため溶融燃料に直接触れた高濃度の汚染水が空母から流出する可能性が高い。この問題は、事故がいかなる状態で起こるかによって、様々な状況が考えられる。大地震による津波などにより、座礁して事故になった場合は、移動させることもかなわず、極めて深刻な事態になりうる。冷却系の故障だけであれば、決死の覚悟で沖合に移動させることもできるかもしれないが、そのような対処ができない状況も当然考えられる。

そして、現実の事故では、1、2が同時に重なったものとして現出する。さらに以下のような二次的な汚染が加わる。

3 陸への降下物の河川・地下水による海への輸送

陸地に降下した物質が、雨に溶け、風により輸送されることで、河川や地下水を経由して海、特に東京湾に流入する二次的な汚染が派生する。いずれにせよ、実際の汚染は、事故発生時の気象条件に左右され、より複雑

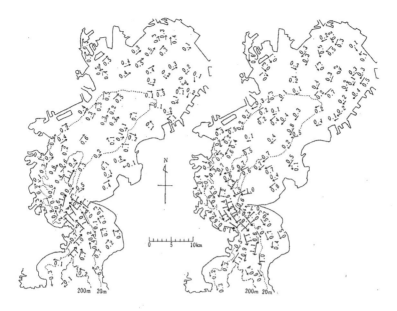

図 3-5-2 東京湾の潮流 (単位ノット)。左：上げ潮、右：下げ潮

で、影響を受ける範囲も多岐にわたる。

4 海底からの溶出と巻き上がり

横須賀港をはじめ東京湾に流出した放射能の一部は海底に堆積するはずで、そうした放射能は海底泥から海水へと再溶出したり、台風などの強風による流れ場の変化に伴う巻き上がりにより二次的な汚染をもたらすことになる。

3 海洋環境への影響

1 海水

放射能は、海に入ったあとは、海水に溶けたり、また微粒子に付着して、流れに伴って海水中を移動、拡散していく。福島沖と異なり、東京湾は潮汐に伴って発生する潮流が卓越している。これは往復流であり、福島のように一方向に流れるのとは事情が異なる。上げ潮には北〜北東向き、下げ潮では今度は逆に南に向かう流れとなる。こうして行ったり来たりを繰り

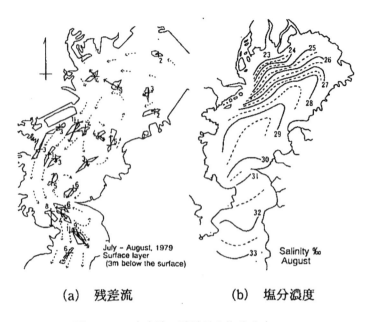

(a) 残差流　　　　　　　　(b) 塩分濃度

図 3-5-3　東京湾の残渣流と塩分分布

返しながら、少しずつ残余の流れ（潮汐残差流）によって、水そのものが移動していく。流入した後、一方向に流れていた福島と比べ海水の移動は緩慢で、高濃度汚染の状態はより長く継続する可能性が高い。

　東京湾は、「富津岬〜観音崎」以北の海面である東京内湾と外海との入り口になる浦賀水道に分けられる。東京内湾は南北50km、東西10〜30km。面積960平方キロメートルで平均水深約15mと狭くて浅い海域で閉鎖性が強い。浦賀水道は、流れが速く最大で1.5ノット（約2.8km/時）ほどになる。千葉側で流入、横須賀側で流出の傾向にある。横須賀港は、浦賀水道に面した、比較的外海に物質が出ていきやすい位置にはある。

　東京湾の潮差は、大潮時約120cm、小潮時40cmで、瀬戸内海などと比べ潮汐は余り大きくない。図3-5-2に潮汐により発生する潮流を上げ潮、下げ潮として示した[※26]。潮流は湾の主軸に沿って流れ、奥になるほど流

※26　国土交通省国土技術政策総合研究所（2006）；資料298号「第2章　東京湾とその流域の概要と水環境の課題」。
　　　http://www.nilim.go.jp/lab/bcg/siryou/tnn/tnn0298.htm

は弱まる。1回の上げ潮で、大体、東京湾全体の海水の15分の1くらいが流入し、平均滞留時間は約1.6カ月（約50日）である。

　前節の伊方原発の項でも述べたが、潮流は往復する流れであるため、物質を輸送する役割を果たすのは残渣流である。図3-5-3に東京湾の表層の残差流と塩分の分布を示した[27]。

　表層には西岸に沿って南下流がある。湾奥部の表層には、夏季を通じて反時計回りの還流がある。ただし風の影響を強く受けて、環流の向きは全く逆になったりするが、いずれにせよ、湾奥部には何らかの循環する流れがあり、停滞性が強い。物質は、まずそこにトラップされ、沈降、堆積する。赤潮や青潮はそれらの停滞域に発生する。放射能汚染は、それに上乗せされる。

2　海底土

　図3-5-4は、現在の東京湾の海底土のセシウム濃度の水平分布である（12年6月）[28]。10ベクレルの等値線が北部域のほとんど全域にわたっており、40ベクレルラインでも奥部域の8割方を占めている。更に100ベクレルよりも高い領域が旧江戸川河口沖から南東へ舌状に広がる海域と、船橋沖の夏に青潮が発生する海域の2カ所ある。09、10年に採取した東京湾内旧江戸川河口沖でのセシウム137濃度は乾土1kg当たり4.0ベクレル（海上保安庁データ）であった。太平洋側の沖合での0.7〜1.5ベクレルと比べ、数倍は高い。これには、チェルノブイリ原発事故の影響が残っているのかもしれない。従って、10ベクレルより高い汚染は、福島事故に伴うものと考えられる。

　東京湾の奥部域は全域で福島事故の影響を受けており、とりわけ、江戸川と荒川の河口域で高い。江戸川、荒川などから流入した放射能が湾奥部の循環流域にトラップされているのである。仮に横須賀の原子力空母で事故が起こり、放射能が放出されれば、これらの分布に新たな汚染が追加されることになる。

※27　宇野木早苗（1985）：「日本全国沿岸海洋誌、第9章　東京湾Ⅱ　物理」、344-361頁。
※28　湯浅一郎（2014）：『海・川・湖の放射能汚染』、緑風出版。

図 3-5-4　東京湾の海底土における放射性セシウムの水平分布 (2012 年 6 月 13 ～ 28 日)

4　海・川・湖の生物への影響

　放射能が到達した場に生息している生物は、多かれ少なかれ、到達量にほぼ比例する形で例外なく汚染される。現在の東京湾における主な漁法と魚種は以下の通りである。

　　旋網(まきあみ)：マイワシ、カタクチイワシ、コノシロ、マアジ
　　旋刺網(まきさしあみ)：ボラ、サヨリ、スズキ
　　底曳網：マゴチ、シログチ、タチウオ、マコガレイ、イシガレイ
　　アナゴ筒：マアナゴ

釣り：カサゴ、メバル、アイナメ、シロギス、ウミタナゴ、マハゼ

これらのあらゆる生物が汚染されることは言うまでもない。

中でも最も懸念されるのはスズキである。現時点における最高値は12年7月9日の53ベクレル。同年12月13日には34ベクレルも出ている。福島の事故直後は11年5月23日の10ベクレルが最高であるが、1年強を経て高いものが見つかる。

5 平常時における放射性液体・気体の放出

2015年10月1日、米原子力空母「ロナルド・レーガン」が、「ジョージ・ワシントン（GW）」の後継艦として横須賀に配備された。その少し前に、「原子力空母の横須賀母港問題を考える市民の会」代表の呉東正彦氏が米情報公開法により入手した11年3、4月の東日本大震災と福島第1原発事故当時の両艦の航海日誌によって、GWが、一次冷却水及び放射性気体を日本のEEZ内で放出していたことが判明した。ピースデポのプロジェクトである「さい塾」が分析に協力した。

航海日誌をもとに作成した震災直後のGWの航跡図を図3-5-5[29]、「航海日誌」の関連部分の抜粋訳を資料3-5-1に示す。2011年3月、大震災と原発事故発生時、同艦は定期点検中で、母港横須賀基地の12号バースに停泊していたが、3月21日、出港した。15日に福島事故に伴う放射能雲が横須賀に停泊していたGWにより検知されたことが、横須賀を出た直接の要因とみられる。27日までは本州沖の太平洋を西に向けて航海しているが、「航海日誌」に「目的地」の記載はない。4月4日、目的地に「佐世保」の名が出た後、5日、佐世保港沖に停泊した。そして、6日には佐世保を出港する。

1 液体処理タンクから放射性液体を放出

「航海日誌」から4月8日17時32分から19時52分にかけて、四国海盆において放射能を帯びた一次冷却水を海に放出する一連の作業を行ったことがわかる（資料3-5-1）。

まず17時32分に以下の記述が出てくる。「原子炉1号機の原子炉補助

※29　ピースデポ「核兵器・核実験モニター」481号、2015年10月1日。

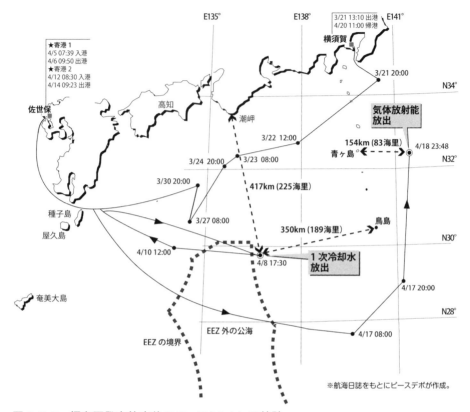

図 3-5-5　福島原発事故直後の G・ワシントンの航跡

室（RAR：Reactor Auxiliaries Room）の過剰液体処理タンク（ODT。以下に説明）から船外へのポンプ排出作業を開始した。」

ODT とは、米海軍原子力推進プログラムの「原子力軍艦と支援施設から出る放射性廃棄物の環境監視と処分」報告書（2014 年 5 月）[※30] の記載内容から「Overflow Disposal Tank」、すなわち「過剰液体処理タンク」と推定される。

18 時 28 分には、RAR とは別の「原子炉室内底部の過剰液体処理タンク」（innerbottom ODT）について同様の作業が開始された。ほぼ同時に原子炉

※30　米海軍原子力推進プログラム報告書「原子力軍艦と支援施設から出る放射性廃棄物の環境監視と処分」（2014 年 5 月）。

2号機についてもまったく同じことが行われた。2基の原子炉の、各2個ずつの過剰液体処理タンク、計4個から船外へのポンプ排出作業が約2時間20分かけて連続的に行われたのである。作業の開始、完了時には、艦の位置と陸からの距離が記録されている。

前記の米海軍原子力推進プログラムの報告書は、過剰となった一次冷却水の発生と扱いについて、次のように説明している。

「原子炉が稼働する温度まで加熱された結果、膨張して過剰となった一次冷却水は、浄水用イオン交換樹脂を経て保管タンクに移される」。この保管タンクが、「航海日誌」のいうODT、すなわち過剰液体処理タンクであろう。同報告書は、「原子炉の稼働に付随して発生した放射性液体は、厳格な管理のもとで海洋に排出される」とし、これらの海洋放出は、米国内の法律に適合しているとしている。さらに同報告書は、原子炉冷却水の海洋投棄は、IAEAの勧告を遵守して行うとも述べている。原子力軍艦の日本寄港に関する合意文書である「エードメモワール」やGW母港化前に出された「原子力軍艦の安全性に関するファクトシート」[31]も、液体廃棄物の排出は国際基準に適合させるとしている。

一般的には、廃棄物投棄に関わる「海洋汚染防止条約(ロンドン条約)」と同条約の「96年議定書」により、放射性廃棄物の海洋投棄は禁止されている。しかし、例外的にIAEAが定める基準を遵守すれば放出も可能で、あらゆる廃棄物の放出が禁止されているわけではない。したがって、原子力軍艦の液体廃棄物が、どこかの海域で放出されていることは周知のことであった。

GWの「航海日誌」の分析から、今回初めて放出地点が明らかになった。しかも、その場所を詳細に検討すると、日本の排他的経済水域(以下、EEZ)内であることがわかる。

例えば17時32分の放出場所を「航海日誌」は、「陸地から225海里」としている。しかしこれは潮岬(和歌山県)からの距離と考えられ、最も近くの鳥島からは約189海里(図3-5-5)で明らかにEEZ内である。

日本のEEZは、本州南方の太平洋の広い範囲にわたり存在する。その中に本州、四国をはじめ、伊豆諸島、小笠原諸島などのいずれからも200

※31　注23と同じ。

95

〈資料 3-5-1〉　G・ワシントンの航海日誌 (抜粋訳)

● 2011 年 4 月 8 日　四国海盆

17:32　原子炉 1 号機の原子炉補助室の過剰液体処理タンクから船外へのポンプ排出作業を開始。北緯（以下 N）29 度 45.9 分、東経（以下 E）136 度 45.3 分。陸地から 225 海里。

18:11　原子炉 1 号機の原子炉補助室の過剰液体処理タンクから船外へのポンプ排出作業を完了。N29 度 47.8 分、E136 度 45.8 分。陸地から 224 海里。

18:28　原子炉 1 号機の原子炉室内底部の過剰液体処理タンクから船外へのポンプ排出作業を開始。N29 度 47.9 分、E136 度 48.3 分。陸地から 227 海里。

18:56　原子炉 1 号機の原子炉室内底部の過剰液体処理タンクから船外へのポンプ排出作業を完了。N29 度 49.8 分、E136 度 48.8 分。陸地から 224 海里。

● 4 月 18 日から 19 日

18 日：2 基の原子炉稼動中。

08:57　推進機関ドリルを開始。

09:02　原子炉 2 号機を緊急停止。

09:15　原子炉 2 号機の再稼働急速出力上昇を開始。

09:38　原子炉 2 号機、臨界に達する。

09:41　原子炉 2 号機、加熱運転ポイントに達する。

23:48　原子炉 2 号機から船外への気体放出作業（DEGAS）を開始。N32 度 18.0 分、E141 度 24.8 分。陸地から 86 海里。

23:59　原子炉 1 号機、2 号機の原子炉補助室の過剰液体処理タンクの排出は進行中。

19 日

01:47　原子炉 2 号機からの放射性気体の放出を完了。N32 度 19.3 分、E141 度 22.9 分。陸地から 78 海里。

96　　第 3 章　東シナ海、太平洋岸、瀬戸内海の原発

海里以上離れた公海が、南北に長い形で存在する。その境界を図3-5-5に点線で示した。4月8日の放出地点は、この公海内ではなくEEZの中にある。

国連海洋法条約第5部・第56条（EEZにおける沿岸国の権利、管轄権及び義務）によれば、沿岸国は、自国の基線から200海里内においてEEZを設定することができ、天然資源（生物か非生物かを問わない）などの主権的権利、ならびに人工島などの設置、海洋環境の保護及び保全に関する管轄権を有するとしている。GWが放射性廃棄物（一次冷却水）を放出したのは、このような地点だった。

2　放射性気体の大気への放出

GWは、4月12日、再び佐世保港に入港、直後の14日に出航した。そして伊豆諸島の東海域で、18日の8時57分から「推進機関ドリル」と称した訓練が行われた。訓練は、資料3-5-1にあるように稼働中の原子炉（2号機）を人為的に緊急停止させ、その直後に短時間で再起動と急速な出力上昇を行い、その23分後に臨界、そして通常稼働に至るというものであった。このような操作は、米海軍がかねてから海軍原子炉の特徴として強調してきたものであるが、その安全性につき技術的不安を払拭するような説明はなされていない。商業用原子炉の常識からすれば危険きわまりない訓練である。

その14時間後の4月18日23時48分、GWは「原子炉2号機から船外への気体の放出作業を開始」する。4月8日の液体放出と同様、作業の開始、完了時には船の位置と陸からの距離が記録されている。米海軍原子力推進プログラムの報告書は、「ヨウ素や、核分裂生成気体のクリプトン、キセノンを含む原子炉内の燃料から生成される核分裂生成物は、燃料物質内にとどまる。しかし、原子炉構造材料内の微量の天然のウラン不純物は、冷却水中に、少量の核分裂生成物を放出する」[32]としている。従って、加圧状態での一次冷却水にはクリプトン85（半減期10.3年）、キセノン133（半減期5.3日）などの核分裂生成物が存在し、原子炉の起動時、熱で膨張して過剰となった高温の一次冷却水が処理タンクに保管される際、加圧状態

※32　注30と同じ。

から解放され、常圧に戻ることによって、クリプトンやキセノンが気体となってタンク内にたまっていくと考えられる。これらを大気環境に放出していたのである。

また資料3-5-1の18日23時59分の記述から、同時に放射性液体の放出も行われていた可能性がある。場所は極めて陸地に近いEEZ内である。作業地点は、青ヶ島（東京都）の東方78〜86海里であるが、房総半島南端の野島崎から測っても164海里の位置であり、これも日本のEEZ内である（図3-5-5）。

3　外務省、事実を認めたが……

9月28日、「原子力空母の横須賀母港問題を考える市民の会」（呉東正彦共同代表）は、外務大臣に対して「航海日誌」の分析からわかった上記の事実関係の確認と、米国に中止を求めるよう要請した。これに対し11月2日付で外務省北米局地位協定室からの回答が届いた。

外務省は、「沖合い12海里以遠における」原子力空母からの放射性液体、気体の放出、及び推進機関ドリルなる訓練の事実を初めて認めた。しかし、回答は06年11月の「ファクトシート」を単になぞったもので、安全性や環境への影響の点で問題はないと米国の主張をそのまま日本政府としての答えとしている。同文書は、原子力空母GWの母港化前に市民の理解を得ることを意図して、米政府が作成し、日本政府に手交されたものである。

しかし、回答にある放出した「放射能を合計した量は、0.4キューリー以下」の根拠となる艦船ごとの具体的なデータや、この程度の放出が「人の健康、海洋生物または環境の質に悪影響を与えていない」とする根拠となるデータは公開されていない。「推進機関ドリル」についても、米海軍の説明をそのまま述べるのみで、安全性への懸念を払拭するような説明にはなっていない。加えて、回答は、日本政府が事実をいつから認識していたのか、また放出地点の位置や日時などの具体的詳細には、一切ふれていない。また日本のEEZ内でこのような行為が行われたとの指摘を否定はしないが、それに関する外務省の見解はない。

98　　第3章　東シナ海、太平洋岸、瀬戸内海の原発

4　EEZ内の危険行動を禁止せよ

　日本政府が、横須賀配備の原子力空母（現在はロナルド・レーガン）や寄港する原潜による、日本のEEZ内での日常的な放射性液体、気体の放出、及び推進機関ドリルなる訓練の事実を認めたことは重大である。回答を受けて、「市民の会」は、GWの過去7年間と寄港する原潜を含めた、同様の放射能放出及び訓練に関する詳細（回数、日時、場所など）を米政府に求めること、更に日本のEEZ内で行われている危険な行為の情報提供やチェックに関する具体的ルールを、政府間で協議することなど5項目の要求を提出していくとしている。

　最も重要なことは、回答が見解の表明を避けている放射能の放出と「推進機関ドリル」が、ともに日本のEEZ内で実施されていることである。

　原子力軍艦が、日本のEEZ内で、液体及び気体放射性物質を環境中に放出していた事実が、具体的に明らかになったのは初めてのことである。同様の放射能放出は、08年9月にGWが横須賀に配備されて以来、ある頻度で行われていたと考えられる。

　ファクトシートによれば、米国は、沖合12海里内においては一次冷却水を含む液体放射能の排出を禁じている。その根拠は、沿岸国の主権が及ぶ領海での水産資源保護や環境保全への配慮であろう。EEZは領海に接続する、それに準じた海域であり、日本は天然資源などの主権的権利を有している。従って、EEZ内においても魚介類など水産資源保護の観点から放射性物質の放出に領海内と同等の規制がなされるべきであろう。少なくとも、漁業関係者への事前の周知や協議、更にはその了解を得るべきである。しかるに、上記の作業は、日本のEEZ内で、事前通知や政府間合意もないまま行われていた。日本政府は、EEZ内で水産資源の主権的権利や環境保護に関する管轄権を有する立場から、米政府に対し放射性液体及び気体放出の禁止に向けた交渉を進めるべきであろう。

　そのためにも、日本政府は、米政府に対し、GW「航海日誌」から明らかになった、放出作業の詳細、放出された液体及び気体に含まれる物質名、放射能濃度と総量などの情報提供を求めるべきである。また同様の作業は、日本周辺海域を航行する原潜でも行われている可能性がある。GW

の過去7年間については言うに及ばず、原潜についても、日本政府は米国に対して「航海日誌」の公開を求め、同様の放出事例について事実関係を明らかにさせるべきである。

　GWの「航海日誌」の分析から米原子力空母は、平時においても一定の頻度で環境中に放射能を排出している事実が明らかになった。加えて、米原子力空母は1年の半分以上は母港横須賀に停泊しており、ひとたび事故になった場合には、神奈川をはじめ首都圏の各地に放射能をまき散らす潜在的危険性を抱えている。横須賀港で空母が停泊する12号バースは、基地外からは見えないが、半径1km内に、数万人もの市民が暮らしている。日本の原発においてすらこのような人口密集地に隣接して原発を立地しているところはない。市の敷地境界や多摩川にある県境は、放射能雲の移動には何の関係もないことを改めて認識しておくべきであろう。

第4章　日本海の原発

日本海側には、太平洋側に劣らず多くの原発がひしめいている。本州に沿う沿岸域では対馬暖流の存在が常に中心的役割を果たすことになる。また日本海の北西部からは大陸の沿岸に沿って南下するリマン寒流がある。

その結果、日本海では、北緯40度付近に対馬暖流とリマン寒流が接する前線帯が東西に長く形成され（図1-2、グラビア・カラー図）、暖流、寒流の双方に属する豊富な水産生物の好漁場が形成されているのである。対馬暖流を、黒潮の一部が日本列島特有の地形によって分断された結果としての流れと捉えれば、日本海における漁場も世界三大漁場の一部と捉えられないこともない。

また日本海中央部には大和堆や武蔵堆のような浅瀬があり、それによって発生する湧昇流が好漁場を作る要因ともなっている。更に日本海は、日本だけでなく、韓国、北朝鮮、ロシアも面しており、相互に越境汚染を起こしうる位置関係にある。本章では、日本海に面する島根から泊までにひしめく原発を検討する。

1　島根原発
——対馬海流が放射能を青森・北海道まで輸送——

1　島根原発で福島のような事態が起きたら

島根原発（中国電力）は、松江市鹿島町片句に位置する。日本の原発の中で唯一、県庁所在地にあり、人口密集地が極めて近い。以下の沸騰水型軽水炉（BWR）3基がある。

1号機、電気出力46.0万kw（1974年3月29日稼動）。

2号機、電気出力82.0万kw（1989年2月10日稼働）。

3号機、電気出力137.3万kw（未稼働）。

総電気出力は265.3万kwである。福島事故の後、炉内に有った使用済み燃料は除去されたと言うが、稼働すれば、時が経つほどに核分裂生成物「死の灰」が貯蔵されていく。ここでは、「放射性物質の拡散シミュレーション」を参考に、島根原発において規制委員会が想定したサイト出力に対応した事態が発生した時、いかなる状態が出現し、山陰の海・川・湖はどうなるのか考える。

102　第4章　日本海の原発

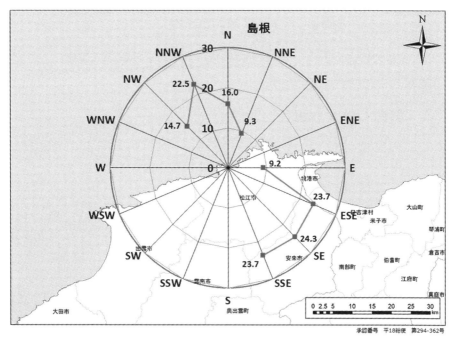

図 4-1-1　島根原発における「放射性物質の拡散シュミレーション結果」(注1、37頁)

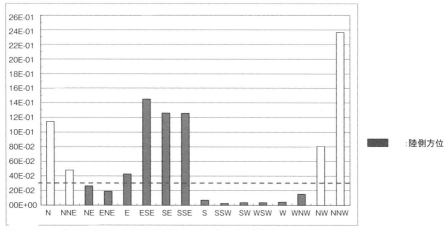

図 4-1-2　島根原発地点における風下方位の出現確率 (注1、38頁)

2 海へ影響をもたらす4つのプロセス

　福島事故の経緯から、島根原発で事故が起きた時、海へ影響をもたらすプロセスには以下が考えられる。

1 大気からの経由

　原子力規制委員会の拡散シミュレーション[1]における島根原発の拡散予測を図4-1-1に示す。南東（SE）に24.3km、東南東（ESE）に23.7km、北北西(NNW)に22.5km が遠方まで影響をもたらす方位となる。2011年のデータから見ると、島根原発では頻度が高い風向は海岸線に直交する形で2つある（図4-1-2）。

　まず海に向けた方角で北北西（NNW）24%、北（N）11%、北西（NW）8%の3つで43%となる。次いで上記とは逆向きの東南東（ESE）14%、南東（SE）12%，南南東（SSE）12%の3つで約38%になる。この風向は松江市街地など人口が多い地域に向かう風で、宍道湖や中の海も含まれる。これは海陸風系に対応している。年間平均の風の分布から見れば、ほぼ半分が日本海に降下し、その場の海流により拡散していく。残り半分は、南東方向を中心に陸側に拡散し、降下する。中国山地に降下した物質は、河川や湖沼・ダムを汚染し、一部は海に流出する。もう一つは偏西風の影響で東に100kmの鳥取、東南東200kmの神戸へと輸送されていく。一部は、東日本や、ひいてはグローバルな大気大循環に乗り広範囲に拡散するものもある。

2 原発から海へ直接的に漏出

　原発サイトからは、溶融燃料に直接触れた高濃度の汚染水が流出する。特に平地の少ない島根原発では、汚染水を一時貯蔵するタンク群を建設する土地の確保もできず、福島第1原発以上に多くの汚染水が海に流出する事態になりかねない。

　現実の事故では、1、2が同時に重なったものとして現出する。

---

[1]　原子力規制庁（2012）：「放射性物質の拡散シミュレーションの試算結果（総点検版）」。

3　陸の降下物の河川・地下水による海への輸送

　事故時の気象条件に対応して、山間部などに沿って高濃度の汚染地帯ができる。一旦、落ち着いた分布も、雨に溶け、風により輸送されることで、その分布は変化する。その過程で、河川や湖沼を汚染しつつ、最終的には海に流入する。アユ、ヤマメ、イワナ、ウグイ、ウナギなど内水面漁業の出荷停止や操業自粛は、島根県、鳥取県をはじめ広島県、岡山県など中四国、関西、九州の広域に及ぶ可能性が大きい。

　例えば中国山脈にそって東西に高濃度の地帯ができれば、雨に溶け、風に運ばれて、結果として日本海、瀬戸内海が汚染される。水源地が汚染されれば、市民の飲み水が危機に瀕する。これらは、ひとえに事故発生時の気象条件に左右される。

4　海底からの溶出や巻き上がり

　対馬暖流によりかなり早く日本海各地の沿岸に運ばれる放射能の一部は、途中海底に堆積していく。沈降流が卓越する潮境域では、集中して堆積が促進される場合もありうる。海底土に堆積した放射能は、水温上昇などに伴い、海底泥から海水へと再溶出し、台風などの強風による流れ場の変化に伴う巻き上がりにより海水中に浸透していく可能性が高く二次汚染源となる。

3　海洋環境への影響

1　海水

　島根沖は対馬暖流の影響が強く、季節や年による変動は有るにせよ、表層では東向きの流れが支配的である（図4-1-3）※2。約1ノット（毎時1852m）の流れに乗ると、1日で44km、1カ月で約1300kmも移動する。対馬暖流に沿って、水平方向にはあまり拡散しないまま、鳥取、兵庫、京都、福井、石川、富山、新潟、山形、秋田、青森各県の沿岸域にまで影響を及ぼす可能性が高い。また、いくつかの渦のような構造も見られ、この渦にとりこまれたものは、そこで停滞するものも出てくる。日本海の相当広い範囲を汚染することは必至である。これは、川内原発の事故による放射能の

※2　島根県ホームページ。

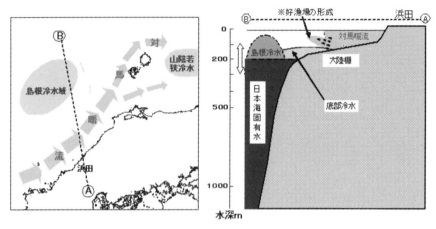

図 4-1-3　島根県沿岸の流況と水塊構造

拡散のところでも述べたが、ロシア、韓国、北朝鮮への越境汚染という大きな国際問題になりうる。

２　海底土

対馬暖流に乗って東へと移動する放射能の一部は、逐次、海底に堆積していく。また大気から降下した放射能の一部は、大陸棚の海底に堆積していくであろう。海底土が汚染された地域では、海底の生態系全体が、いつまでも汚染を引きずることになり、海底を生息の場とし、海底付近の小動物を捕食する魚類にとっては、きわめて深刻な事態が想定される。

４　海・川・湖の生物への影響

１　海の生物汚染

島根原発から放射能が流出したとすると、島根県沿岸の全ての魚種に汚染は浸透していく。島根県ホームページ[※3]の島根漁場マップ（図4-1-4）によれば、島根県では３つほどに類型化される多様な水産生物が漁獲されて

※3　注２と同じ。
　　www.pref.shimane.lg.jp/industry/suisan/kanri/iji/gyogyou_titujyo/gyojyou_map.html

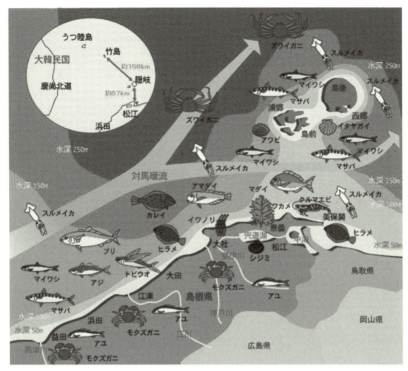

図 4-1-4　島根漁場マップ

いる。
1) 対馬暖流系の回遊魚―マイワシ、マアジ、マサバ、クロマグロ、ブリ、スルメイカなど。
2) 定住型の底魚―マダイ、ムシガレイ、アンコウ、ケンサキイカなど。
3) 日本海固有水に関わる寒流系の生物―ズワイガニ、ベニズワイガニ、ホッコクアカエビ（甘エビ）。さらにマダラ、スケトウダラ、ホッケなども数は多くないが漁獲される。

　放射能は、食物連鎖に関わるあらゆる階層を容赦なく汚染する。動植物プランクトン、それを食べるイカナゴやカタクチイワシ、更にそれを食べるアジ、サバといった具合である。まずは、表層性のものから高濃度に汚染したものが広域的に出現するであろう。福島であったように、3カ月以

上がたつにつれ、アイナメ、ヒラメ、ムシガレイ、メバルといった底層性魚も長期にわたる汚染を覚悟せねばならない。更に回遊魚については、放射性物質、及び生物自体が対馬暖流により本州の日本海沿岸の全域に輸送されることで、事故から1カ月もすれば、青森、北海道にまで到達し、その間に各地のカニ漁、マグロ漁、ハタハタ漁などへの甚大な影響が懸念される。これは福島とは全く異なる問題である。

2 川・湖の生物汚染

大気中での放射能の拡散予測の約40%は、南東方向に向かう帯状のプルームとなり、松江市をはじめ陸地に降下する。原発から30km圏内であるから、福島から類推すれば強制避難区域に入る可能性が高い。宍道湖や中の海は、湖の汚染の心配以前に、そもそも人が立ち入れない場所になる。宍道湖と中の海は汽水湖で浅いばかりか、出入り口が細く狭いため、海水交換が極めて悪い地形的特性を持つ。大気から降下した放射能は、湖に停滞し、すぐに湖底にまで到達し、プランクトンをはじめ、生態系全体が汚染される。ヤマトシジミはじめ湖の漁業生物は大打撃を受ける。中の海は、日本海からの海水が下層から浸入し、スズキ、ヒラメ、カレイなども生息しているが、これらは、特に高濃度の汚染の長期化が懸念される。

陸に降下する放射能の分布に対応して、河川やダム、湖の汚染度は決まっていく。福島から推測すれば、中四国、関西、九州の各県で、基準値を超える淡水魚（アユ、ヤマメなど）が出て、その限りにおいて、長期にわたる出荷停止は避けられない。

大気からの降下と、原発からの直接的な流出に伴い、海に入った放射能は、対馬暖流によって、かなり早く日本海沿岸一帯に輸送される。対馬暖流の一方向の流れに依存するので、福島と比べても移動速度や移動距離は何倍にもなる。海水の汚染が深刻であれば、放射性セシウムが1kg当たり基準値100ベクレルを超える水産生物が、あらゆる種に出続ける可能性が高い。それは、即ち福島県沖がそうであるように、多くの種で操業自粛や出荷停止が続き、基本的に漁業ができない事態が継続する。加えて淡水魚の汚染もある。これらを想起すれば、島根原発の再稼働をめぐっては、

島根県のみならず、少なくとも鳥取県、広島県、岡山県、兵庫県、京都府、福井県、石川県、富山県、新潟県、山形県、秋田県、及び青森県の漁業者や自治体の意向を聞き、その同意を得ることが不可欠であろう。

2 若狭湾の原発（高浜・大飯・美浜・敦賀）
——懸念される集中立地の弊害——

1 若狭湾の原発で福島のような事態が起きたら

若狭湾には、東海村に次いで古くから原発が建設され、次々と新設されてきた。海への影響という観点から見るので、ここでは、それらを一括して扱う。若狭湾に面する原発は、以下の4つのサイトにある。敦賀原発1号機が沸騰水型軽水炉（BWR）であるのを除き、他はすべて加圧水型（PWR）である。

1) 敦賀原発（日本原子力発電）：福井県敦賀郡明神町。総電気出力 151.7 万 kw。

　1号機、電気出力 35.7 万 kw（1970 年 3 月 14 日稼働）。

　2号機、電気出力 116 万 kw（1987 年 2 月 17 日稼働）。

2) 美浜原発（関西電力）：福井県三方郡美浜町丹生。総電気出力 166.6 万 kw。

　1号機、電気出力 34 万 kw（1970 年 11 月 28 日稼働）。

　2号機、電気出力 50 万 kw（1972 年 7 月 25 日稼働）。

　3号機、電気出力 82.6 万 kw（1976 年 12 月 1 日稼働）。

3) 大飯原発（関西電力）：福井県大飯郡おおい町大島。総電気出力 471 万 kw。

　1号機、電気出力 117.5 万 kw（1979 年 3 月 27 日稼働）。

　2号機、電気出力 117.5 万 kw（1979 年 12 月 5 日稼働）。

　3号機、電気出力 118 万 kw（1991 年 11 月 18 日稼働）。

　4号機、電気出力 118 万 kw（1993 年 2 月 2 日稼働）。

4) 高浜原発（関西電力）：福井県大飯郡高浜町田の浦。総電気出力 339.2 万 kw。

　1号機、電気出力 82.6 万 kw（1974 年 11 月 14 日稼働）。

109

2 号機、電気出力 82.6 万 kw（1975 年 11 月 14 日稼働）。

3 号機、電気出力 87 万 kw（1985 年 1 月 17 日稼働）。

4 号機、電気出力 87 万 kw（1985 年 6 月 5 日稼働）。

何と 13 基、総電気出力 1128.5 万 kw となる。東西に約 40km 足らずの中に 1000 万 kw を超える原発が集中立地しているのである。ここでは、原子力規制庁が行った「放射性物質の拡散シミュレーション」等を参考に若狭湾に面する各原発においてサイト出力に対応した事態が発生した時、海にいかなる影響が及ぶのか推測する。

2　海へ影響をもたらす 4 つのプロセス

福島事故の経緯から若狭湾に面する原発で事故が起きた時、海へ影響をもたらすプロセスには以下が考えられる。

1　大気からの降下

大気経由の放出の状況を具体的に推測するために、先に見た原子力規制委員会の拡散シミュレーションを参考に考える。計算は 2011 年 1 年分の気象データを使用し、各原発で 16 方位につき、それぞれの風向に向けて、放射性物質が扇形、ないし舌状に広がることを想定している。

図 4-2-1 は敦賀原発の場合である[4]。原発からの距離に対応した平均的な被曝の実効線量に関するグラフを使用し、国際原子力機関（IAEA）が定めている避難の判断基準（事故後 1 週間の内部・外部被曝の積算線量が計 100 ミリシーベルト）に達する最も遠い地点を求め、地図に表している。南南東（SSE）に 20.0km、南東（SE）17.5km、そして北西（NW）に 16.3km が遠方まで影響する方位になる。敦賀原発における風向きで最も頻度が高いのは、風下方位が南南東（SSE）16％、次いで西北西（WNW）及び北西（NW）各 14％である（図 4-2-2）。南東 13％, 東南東 7％ を合わせ、南東方向は 41％ を占める。逆に海上に向かう北方向は約 38％ である。風向きごとに帯状に降下し、短時間に遠方まで輸送され、海面に相当な負荷がもたらされる。一方、陸上がかかる方位は全体の 63％ を占め、福井、京都、滋賀県方面に向かい、河川や湖沼・ダムを汚染するであろう。特に最も頻

---

[4]　注 1 と同じ。

110　　第 4 章　日本海の原発

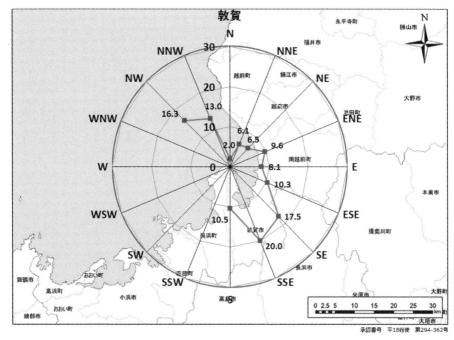

図 4-2-1　敦賀原発における「放射性物質の拡散シュミレーション結果」(注1、25ページ)

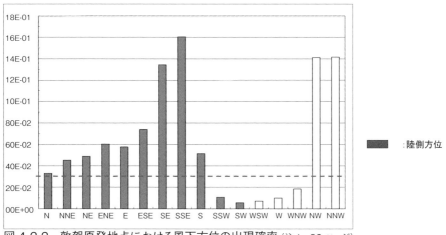

図 4-2-2　敦賀原発地点における風下方位の出現確率 (注1、26ページ)

度が高い南南東には、琵琶湖がある。

　図4-2-3は美浜原発の場合である[5]。北北西に18.7kmが最も遠く、次いで南東18.6km、南18.3kmが遠方まで影響する方位になる。美浜原発における風向きで最も頻度が高いのは、風下方位が南南西（SSW）14%、次いで南（S）13%である（図4-2-4）。南西12%を合わせると、この3つで39%を占める。逆に海上に向かう北方向は北北西（NNW）約12%など23%である。陸上がかかる方位は全体の63%を占め、福井、京都、滋賀県方面に向かい、河川や湖沼・ダムを汚染する。特に約4割を占める南方向の先には、やはり琵琶湖があり、琵琶湖への降下が相当量あるであろう。

　図4-2-5は大飯原発の場合である[6]。南へ32.5km、南南東へ27.0km、そして北北西へ25.0kmが遠方まで影響する方位である。これは、南北方向の海陸風が背景にある。大飯原発における風向きで最も頻度が高いのは、風下方位が北北西（NNW）26%で、北8%、北西6%と合わせ、北方向が約40%を占めている。一方、陸向きでは、南（S）20%、南南東10%、南南西8%など合わせ47%を占める（図4-2-6）。陸向きの大部分は、京都市方面を向いており、琵琶湖に向いていた敦賀、美浜とはやや異なるが、琵琶湖にも相当量が降下することは避けられない。

　図4-2-7は高浜原発の場合である[7]。南南東29.6km、南東26.4km、東南東25.5kmと京都、滋賀方面が最も遠方まで影響を及ぼすことになる。高浜原発における風向きで最も頻度が高いのは、風下方位が南南東（SSE）約20%で、次いで南東（SE）約14%、東南東（ESE）約12%と続き、南方向が54%を占める（図4-2-8）。この場合も、敦賀、美浜と並んで、陸向きの先には京都市、そして琵琶湖がある。これに対し、海に向かうのは北北西（NNW）約9%、北西8%など約22%にとどまる。

　地点による若干の差異は有るが、4地点とも南北方向の風が卓越し、大飯を除き陸向きがやや多い。それでも、大気に放出されたものの約4割が若狭湾に降下することは避けられない。そして陸に向いた方角には、関西

※5　注1と同じ。
※6　注1と同じ。
※7　注1と同じ。

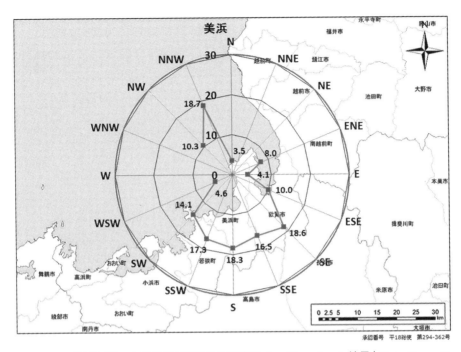

図 4-2-3 美浜原発における「放射性物質の拡散シュミレーション結果」(注1、28ページ)

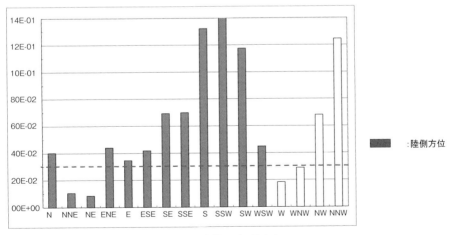

図 4-2-4 美浜原発地点における風下方位の出現確率 (注1、29ページ)

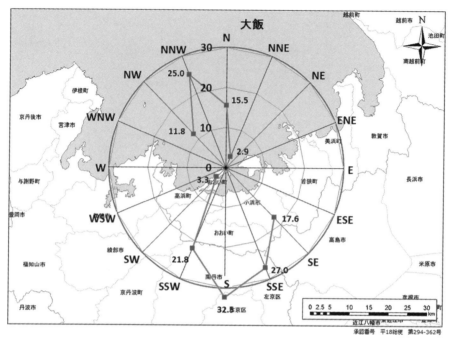

図 4-2-5　大飯原発における「放射性物質の拡散シュミレーション結果」(注1、31ページ)

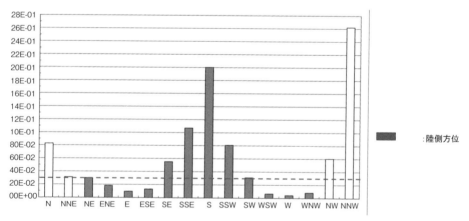

図 4-2-6　大飯原発地点における風下方位の出現確率 (注1、32ページ)

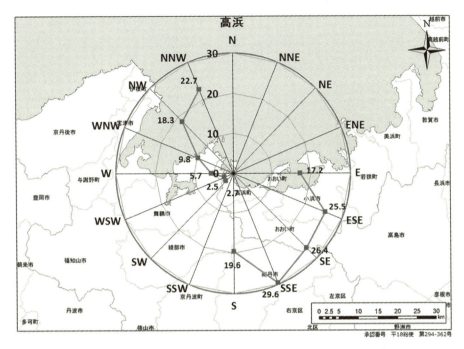

図 4-2-7　高浜原発における「放射性物質の拡散シュミレーション結果」(注1、34 ページ)

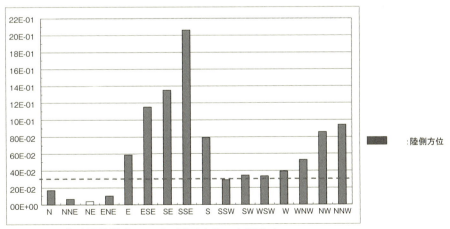

図 4-2-8　高浜原発地点における風下方位の出現確率 (注1、35 ページ)

115

の水がめとしての琵琶湖、観光地として国際的にも知られる京都市が含まれている。ひとたび過酷事故が起きれば関西地方全体の生活に直接かかわる事態が想定されるロケーションにある。

2 原発から海への直接的な漏出

崩壊熱に対処するため溶融燃料に直接触れた高濃度の汚染水が原発サイトから流出する問題が同時に起こる。地震に伴う事故の場合には、冷却系の複雑な損傷により建屋の地下への漏水も多岐にわたり、海へと通じた地下水への混入を中心に流出ルートはいくつもできる公算が強い。この問題は、福島第1原発と同様、連続的な負荷源となり、終息の見えないまま推移するであろう。

そして、現実の事故では、1、2が同時に重なったものとして現出する。さらに以下のような二次的な汚染が加わる。

3 陸の降下物の河川・地下水による海への輸送

山間部などに沿って高濃度の汚染地帯ができ、一旦、落ち着いた分布も、雨に溶け、風により輸送されることで、その分布は変化する。その過程で、河川や湖沼を汚染しつつ、海に流入する。風の出現確率からは、4原発のどこで事故が起きても、琵琶湖、京都市などが極めて深刻な事態になる公算が強い。まず琵琶湖の汚染は、より広域的な影響をもたらすものとして深刻である。事故直後に、直接、琵琶湖に降下する大量の放射能が有る。周辺の山間部に降下した物質が雨に溶け、風に運ばれて河川が汚染され、最終的には琵琶湖に流入する。琵琶湖の水は、京都、大阪などの飲料水として利用されている現実を考慮すると、あまりにも危険なことをしていることが懸念される。国際的な観光都市としての京都市の汚染も深刻である。仮に事故が起きれば、京都市は、人口約147万人、年間観光客数5564万人、宿泊者数1341万人、その内、外国人宿泊者数は183万人である。仮に若狭湾で原発事故があれば、観光都市としての街のあり方が一変してしまう。これだけの人口をかかえる街が、大飯、高浜原発から50km足らずのところに位置しているというのは、無神経に過ぎることである。また滋賀県、京都府、そして福井県の各所にある水源地が汚染されれば、市民

の飲み水が危機に瀕することになる。そのほか関西地方、中部地方も含めて広域的に淡水魚が汚染され、操業や出荷ができない状態が続く。実際の汚染は、事故発生時の気象条件に左右され、より複雑で影響を受ける範囲も多岐にわたるであろう。

4 海底からの溶出や巻き上がり

海底土に堆積した放射能は海底泥から海水へと再溶出し、台風などの強風による流れ場の変化に伴う巻き上がりにより二次的な汚染をもたらすことになる。

3 海洋環境への影響

1 海水

海に入った放射能は、海水に溶け、微粒子に付着して、流れに伴って海水中を移動、拡散していく。

福島沖と異なり、各原発の前面には若狭湾と言う半閉鎖性の大きな入り江がある。若狭湾は、経が岬と越前岬を結んだ線で外洋と区分され、湾内は陸棚がよく発達し、湾全体の平均水深は約100mである。更に原発が面する陸岸側には、内浦湾、高浜湾、小浜湾、敦賀湾など大小さまざまな枝湾が並んでいる。

若狭湾の海流は、沖合を流れる対馬暖流の影響が強く、季節や年による変動がある。松宮[8]によれば、沖合の冷水塊が若狭湾から離れている時、若狭湾内には丹後半島を回り込むようにして、沿岸沿いに東進する対馬暖流沿岸分枝ないしその一部が存在する。特に若狭湾に侵入してくる対馬暖流の流入量が多くなると、若狭湾西部海域は暖水域に覆われ、時計回りの流れが形成される（図4-2-9a）。このような時、原発が面する陸岸沿いは東向きの流れとなる。一方、孤立した冷水塊が若狭湾沖にあった2004年のように冷水域が若狭湾に接岸すると、若狭湾沖には東向きの強い流れが形成される。このような時、西部海域に形成された暖水域（時計回りの流れ）は沖合の流れに引っ張られる様にして湾中央部で孤立した暖水塊となり、

---

[8] 松宮由太佳（2005）:「若狭湾の海流の変化について」、水産関係試験研究成果発表。http://www.fklab.fukui.fukui.jp/ss/gyoseki/happyou/wakasawan.pdf

117

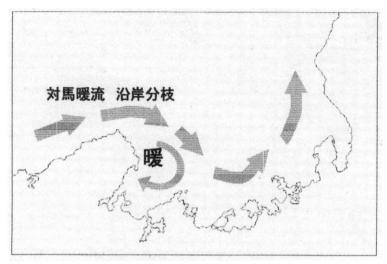

図 4-2-9a　冷水域が離岸している時の若狭湾の海流

図 4-2-9b　冷水域が接岸している時の若狭湾の海流

若狭湾全域規模の時計回り還流が形成される（図4-2-9b）。この時、原発が面する海岸付近は西向きの流れとなる。その後、還流は越前沖へ移動し消滅する。

　従って、原発から流出した放射能は、まず付近の枝湾を高濃度に汚染する可能性が高い。さらに原発サイト近くの沖側の流れは、東向きの場合と西向きの場合があり、事故発生時における海況により大きく異なるが、流れの向きの如何にかかわらず、第2段階として若狭湾全体の汚染をもたらすはずである。東向きの流れが卓越する場合には、初めから東ないし北東方向に輸送されるであろう。後者の場合には、一旦は、時計回りの還流に乗って、一定時間、若狭湾内にとどまることになる。それでも、沖合には、対馬暖流による東向きの恒常的な流れがあり、やはり福井県北部から石川県方面へと輸送されることになる。約1ノット（毎時1852m）の流れに乗ると、1日で44km、2週間で620kmであるから、1カ月もたたないで青森県にまで到達するものも出てくるはずである。この点は島根原発の事故で対馬暖流により青森方面まで1カ月足らずで到達するとしたのと事情は同じである。

　さらに大気経由で海に降下する放射性物質による汚染が加わる。これは、事故時の風向きにより、様々なケースが考えられるが、例えば、相当量の降下が考えられる若狭湾では、その多くが時計回りの環流の影響を受けることになる。

2　海底土

　若狭湾内は陸棚が発達するため、海水中を移動する間に、汚染水は表層を移動しながらも、一定量が海底付近に到達し、海底に沈積することが考えられる。

4　海・川・湖の生物への影響

1　海の生物汚染

　原発から放射能が流出したとすると、まず若狭湾沿岸の全ての魚種に汚染は浸透していく。福井県ホームページ[9]の若狭湾のさかなマップ（図

※9　福井県ホームページ。

119

4-2-10）によれば4つほどに類型化される多様な水産生物が漁獲されている。

1) 対馬暖流系の回遊魚—マアジ、マサバ、クロマグロ、ブリ、ヤリイカなど。
2) 定住型の底魚—マダイ、若狭ガレイ（ヤナギムシガレイ）、ヒラメ、アカガレイなど。
3) 日本海固有水に関わる寒流系の生物—越前ガニ（ズワイガニ）、ベニズワイガニ、甘エビ（ホッコクアカエビ）。さらにハタハタなども漁獲されている。
4) 原発に近い枝湾では、海岸付近での、あわび、さざえ、とこぶし、ばい貝、かき、あさり、はまぐり、い貝、うに、なまこ、たこ、わかめ、もずく、いわのり、えごのり、てんぐさ、いぎす、うみぞうめん、えむし等の漁も行われている。

アジ、サバなどの対馬暖流系の回遊魚から、カレイ、ヒラメ、ズワイガニ等の海底付近に生息する底魚、更にハタハタなど寒流系の魚類と、多様な魚類やカニ類が漁獲されるのである。先に島根県について見たのと相通じるものがある。

放射能は、食物連鎖に関わるあらゆる階層を汚染する。動植物プランクトン、それを食べるイカナゴやカタクチイワシ、更にそれを食べるアジ、サバといった具合である。まずは、表層性のものから高濃度に汚染したものが広域的に出現する。福島であったように、3カ月以上がたつにつれ、アイナメ、ヒラメ、メバルといった底層性魚も長期にわたる汚染を覚悟せねばならない。

更に回遊魚については、放射性物質、及び生物自体が対馬暖流により本州の日本海沿岸の全域に輸送されることで、事故から1カ月もすれば、青森、北海道にまで到達し、その間に各地のカニ漁、マグロ漁、ハタハタ漁などに甚大な影響をもたらすことが懸念される。

2 川・湖（琵琶湖など）の生物汚染

若狭湾に面する原発での事故が、必然的に琵琶湖の汚染をもたらすこと

http://info.pref.fukui.jp/suisan/rlmn/umi/torikumi/gyogyou.html

図 4-2-10　若狭湾における主な水産物

は先に述べた。琵琶湖は、面積 670.5km^2、湖周 235km、平均水深 41m の日本最大の湖である。その面積は、滋賀県の全面積の約 6 分の 1 を占める。ここでは、長年月をかけて多くの固有種を含む多様な魚介類が育まれている。現在、生息する魚介類は 110 種、そのうち 44 種は琵琶湖固有種という[10]。沿岸域には岩礁・砂浜・砂泥底や水草地帯などが分布し、北湖には 100m を越す深みが広がっている。アユ、ニゴロブナ、ホンモロコ、ビワマスなどの魚類、スジエビなどのエビ類、セタシジミなどの貝類が漁獲されている。

　大気経由での降下物が、琵琶湖に入ったとすると、海とは異なり、湖水

※ 10　滋賀県ホームページ：「滋賀県の水産業」。
　　　http://www.pref.shiga.lg.jp/g/suisan/shiganosuisan/files/26biwakogyogyou.pdf

の出入りが少ない広大な閉鎖性水域であることから、汚染は長期化することが懸念される。福島事故に伴い現在でも、例えば中禅寺湖のブラウントラウト、手賀沼のギンブナ、コイ、赤城大沼のヤマメ、イワナ、ウグイ、霞ヶ浦のアメリカナマズ、ウナギなどでは、それぞれ原発から100〜150km以上も離れているにもかかわらず、事故から丸5年がたつ現在も、基準値を超える魚類が出続けている。

　湖沼の地形は閉鎖性が強く、少しずつでも周辺の山間部からの放射能の持続的な流入を含めて、動物プランクトンをはじめとした食物連鎖のあらゆる階層で汚染が継続していることを意味する。琵琶湖においても、お盆状の地形から循環が滞ることで、より長期的な汚染が起こることは必至である。

　本節の分析から、若狭湾に面する原発の再稼働をめぐっては、福井県のみならず、少なくとも京都府、滋賀県、石川県、大阪府、兵庫県、さらには富山県、新潟県、山形県、秋田県、青森県など各県の漁業者や自治体の意向を聞き、その同意を得ることが不可欠であろう。しかるに高浜原発の再稼働を巡る手続きにおいては、福井県知事と高浜町のみに権限が与えられ、福島事故前と何ら変わらない手続きだけで、再稼働が正当化されたのである。

3　志賀原発
——対馬暖流とリマン海流の出会う海を汚染——

1　志賀原発で福島のような事態が起きたら

　志賀原発（北陸電力）は、石川県能登半島の日本海側の付け根の羽咋郡志賀町にあり、前面は日本海に面している。以下の沸騰水型軽水炉（BWR）2基がある。

　1号機、電気出力54.0万kw（1993年7月30日稼動）。

　2号機、電気出力135.8万kw（2006年3月15日稼働）。

　総電気出力189.8万kwの規模を有する。ここでは、原子力規制庁が行った「放射性物質の拡散シミュレーション」等を参考に志賀原発においてサ

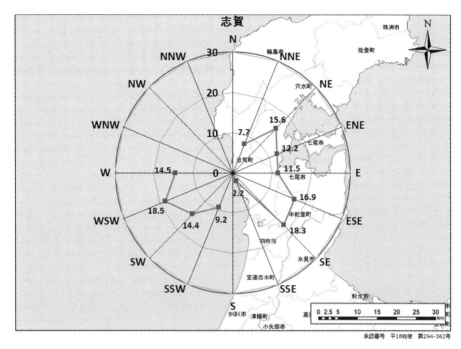

図 4-3-1　志賀原発における「放射性物質の拡散シュミレーション結果」(注1、22頁)

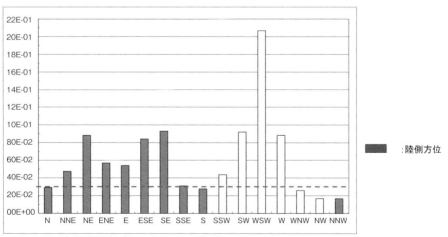

図 4-3-2　志賀原発地点における風下方位の出現確率 (注1、23頁)

イト出力に対応した事態が発生した時、海にいかなる影響が及ぶのか推測する。

2 海へ影響をもたらす4つのプロセス

福島事故の経緯から志賀原発で事故が起きた時、海へ影響をもたらすプロセスには以下が考えられる。

1 大気からの降下

原子力規制委員会の拡散シミュレーション[11]での志賀原発の場合を図4-3-1に示す。西南西（WSW）に18.5km、南東（SE）に18.3km、東南東（ESE）に16.9kmが遠方まで影響をもたらす方位となる。頻度が高い風向は西南西（WSW）21%で、南西（SW）、西（W）各9%を合わせると39%が日本海に向いている。

これに対し、北東（NE）、南東（SE）が各9%、東南東（ESE）8%が続く（図4-3-2）。これらは、七尾市、氷見市など市街地に向かう風である。全体的には、ほぼ半分が日本海に降下し、残り半分は南東、北東などいくつかの方向に陸側に拡散し、降下する。しかし、北東など七尾市方面に向かったものもすぐに海上に入り、七尾湾や富山湾に降下するものも相当ある。加えて偏西風の影響で新潟へと輸送されていく。

2 原発から海への直接的な漏出

原発サイトからは、溶融燃料に直接触れた高濃度の汚染水が流出する。そして、現実の事故では、1、2が同時に重なったものとして現出する。

さらに以下のような二次的な汚染が加わる。

3 陸への降下物の河川・地下水による海への輸送

山間部などに沿って高濃度の汚染地帯ができ、一旦、落ち着いた分布も、雨に溶け、風により輸送されることで、その分布は変化する。その過程で、河川や湖沼を汚染しつつ、海に流入する二次的な汚染が派生する。結果として富山湾などに流入する。各所にある水源地が汚染されれば、飲

---

[11] 注1と同じ。

124　第4章　日本海の原発

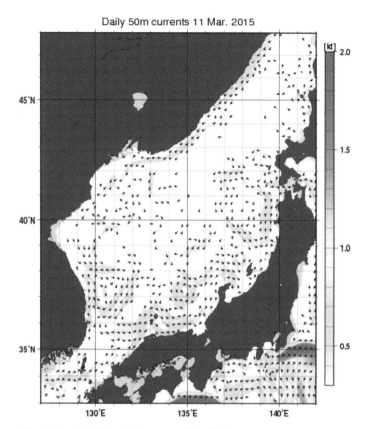

図4-3-3 日本海における50m層の海流 (2015年3月11日)

み水が危機に瀕する。そのほかに石川県をはじめ、富山県、長野県などでも広域的に淡水魚が汚染され、操業や出荷ができない状態が続くことは必至である。

4 海底からの溶出や巻き上がり

海底土に堆積した放射能は海底泥から海水へと再溶出し、また台風などの強風による流れ場の変化に伴う巻き上がりにより二次的な汚染をもたらすことになる。

3 海洋環境への影響

1 海水

能登半島西岸沖は対馬暖流の影響が強く、季節や年による変動は有るにせよ、表層では北東向きの流れが支配的である（図4-3-3）[12]。約1ノット（毎時1852m）の流れに乗ると、1日で44km、1カ月で約1300kmも移動する。対馬暖流に沿って、あまり水平方向には拡散しないまま、石川、富山、新潟、山形、秋田、青森の沿岸域にまで影響を及ぼす可能性が高い。また、大和堆や佐渡島などの地形により大きく蛇行する構造も見られ、これにより日本海の相当広い範囲を汚染することは必至である。

ただし、志賀原発の「温排水影響調査」平成20～25年度の報告書[13]によると、年4回の原発前面の表面水温分布調査時における流れには、時期により変動しており南流もみられる。その場合も、沖合に行けば対馬暖流の沿岸分枝が支配的で、いずれは北東方向に輸送されるはずである。

放射能は、海に入ったあとは、海水に溶けたり、また微粒子に付着して、流れに伴って海水中を移動、拡散していく。さらに大気経由で海に降下する放射性物質による汚染が加わる。これは、事故時の風向きにより、様々なケースが考えられるが、例えば、約4割は、西側の日本海に降下し、直接、対馬暖流に降下する。それらは、対馬海流により能登半島沖を経て、富山、新潟、山形、秋田、青森、そして北海道へと輸送されることになる。

2 海底土

志賀原発の前面の海は水深が浅く、汚染水は表層を移動しながらも、短時間のうちに海底付近に到達し、海底に沈積し、それらが溶出や巻き上がりにより二次汚染源となることが考えられる。

4 海・川・湖の生物への影響

1 海の生物汚染

志賀原発から放射能が流出したとすると、能登半島西岸沖の全ての魚種

※12　気象庁ホームページ。
　　　http://www.data.jma.go.jp/kaiyou/data/db/kaikyo/daily/current_HQ.html

に汚染は浸透していく。石川県水産総合研究センターのホームページの「主要魚種の年動向」※14 を整理すると以下の3つに類型化される。対馬暖流とリマン海流が能登半島の沖で接することにより、暖流、寒流それぞれの多様な水産生物が漁獲されているのである。

1）対馬暖流系の回遊魚─マイワシ、カタクチイワシ、マアジ、マサバ、クロマグロ、ブリ、サワラ、スルメイカなど。
2）定住型の底魚─ニギス、マダイ、ムシガレイなど。
3）水深200m以深の日本海固有水に関わる寒流系の生物─ズワイガニ、ベニズワイガニ、ホッコクアカエビ（甘エビ）。さらにマダラ、ハタハタなども漁獲される。

暖流、寒流の両方の魚類、及び定着型の底魚類など多様である。1）の魚種は、主に定置網やまき網により漁獲され、2）、3）は底引き網による。石川県のニギスの水揚げ量は全国一で、全国の約3割を占めている。三陸沖から常磐沖の広大な領域が、黒潮と親潮が接し合うことにより世界三大漁場になっているのと同じ構図が、空間規模はやや小さいが日本海にもあることを具体的に示している。志賀原発は、そのおひざ元に立地しているのである。

放射能は、食物連鎖に関わるあらゆる階層を容赦なく汚染する。動植物プランクトン、それを食べるイカナゴやカタクチイワシ、更にそれを食べるアジ、サバといった具合である。まずは、表層性のものから高濃度に汚染したものが広域的に出現するであろう。福島であったように、3カ月以上がたつにつれ、アイナメ、ヒラメ、メバルといった底層性魚も長期にわたる汚染を覚悟せねばならない。

大気からの降下と、原発からの直接的な流出に伴い、海に入った放射能は、対馬暖流の一方向の流れに依存するので、福島と比べても移動速度や移動距離は何倍にもなる。回遊魚は、汚染水とともに移動し、海水の汚染が深刻であれば、放射性セシウムが1kg当たり基準値100ベクレルを超える水産生物が、あらゆる種に出続ける可能性が高い。それは、即ち福島

※13　石川県ホームページ。http://atom.pref.ishikawa.jp/box/onhaisui.html
※14　石川県水産総合センター・「主要魚種の年動向」。
　　　http://www.pref.ishikawa.jp/suisan/center/sigenbu.files/opendata/top.html

県沖がそうであるように、多くの種で操業自粛や出荷停止が続き、基本的に漁業ができない事態が継続することを意味する。

2 川・湖の生物汚染

拡散予測の約40％は、北東から東、さらに南東方向に向かう帯状のプルームとして輪島市、珠洲市、七尾市、氷見市などに向かっている。これらの地域は30km圏内であるから、福島から類推すれば強制避難区域に入る可能性が高い。石川県では、河川ではアユ、ヤマメ、イワナ、湖沼ではコイ、フナ漁が盛んであり、陸に降下する放射能の分布に対応して、河川やダム、湖が汚染されていく。福島から推測すれば、中部地方の各県で、基準値を超える淡水魚（アユ、ヤマメなど）が出て、その限りにおいて、長期にわたる出荷停止は避けられない。また北東から東方向に拡散したものの相当量は、七尾湾や富山湾に降下することも考えられる。

本節の分析から、志賀原発の再稼働をめぐっては、石川県のみならず、富山県、福井県、長野県、新潟県、山形県、秋田県、青森県などの中部、東北各県の漁業者や自治体の意向を聞き、その同意を得ることが不可欠であろう。

4 柏崎刈羽原発——世界最大規模の集中立地の脅威——

1 柏崎刈羽原発で福島のような事態が起きたら

柏崎刈羽原発（東京電力）は、新潟県柏崎市青山町と刈羽村にまたがる広大な敷地にあり、前面は日本海に面している。一つのサイトとしては日本最大の沸騰水型軽水炉（BWR）7基がある。

1号機、電気出力110.0万kw（1985年9月18日稼動）。

2号機、電気出力110.0万kw（1990年9月28日稼働）。

3号機、電気出力110.0万kw（1993年8月11日稼働）。

4号機、電気出力110.0万kw（1994年8月11日稼動）。

5号機、電気出力110.0万kw（1990年4月10日稼働）。

6号機、電気出力135.6万kw（1996年11月7日稼働）。

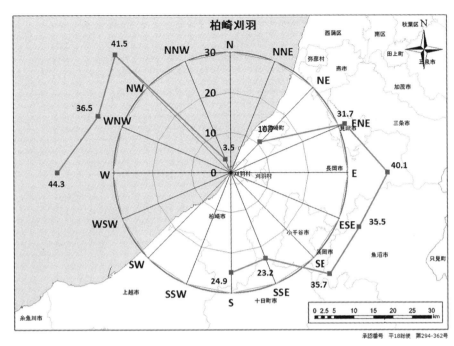

図4-4-1　柏崎刈羽原発における「放射性物質の拡散シュミレーション結果」(注1、16頁)

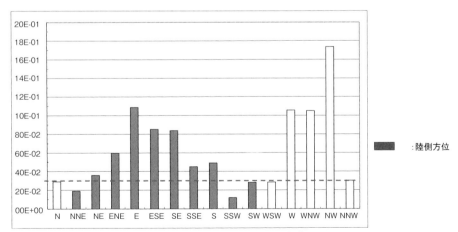

図4-4-2　柏崎刈羽原発地点における風下方位の出現確率 (注1、17頁)

7号機、電気出力 135.6 万 kw（19974 年 7 月 2 日稼動）。

　総電気出力は実に 821.2 万 kw になる。ここでは、原子力規制庁が行った「放射性物質の拡散シミュレーション」等を参考に柏崎原発においてサイト出力に対応した事態が発生した時、海にいかなる影響が及ぶのか推測する。

2　海へ影響をもたらす 4 つのプロセス

　福島事故の経緯から柏崎原発で事故が起きた時、海へ影響をもたらすプロセスには以下が考えられる。

1　大気からの降下

　原子力規制委員会の「拡散シミュレーション」[15] での柏崎刈羽原発の場合を図 4-4-1 に示す。西（W）へ 44.3km、北西（NW）41.5km、そして東（E）へ 40.1km などが遠方まで影響をもたらす方位である。これまでのサイトと比べても、影響を及ぼす範囲は倍以上ある。発電所規模が圧倒的に大きいためである。頻度が高い風向は北西（NW）約 17％で、西北西（WNW）、西（W）各 10％を合わせると約 38％が日本海に向いている。これに対し、陸側に向けては東（E）11％、東南東（ESE）、南東（SE）各 8％が続く（図 4-4-2）。これらは、長岡市、小千谷市、魚沼市などに向かう風である。もう一つは偏西風の影響で福島、群馬、栃木県方面へと輸送されていく。

2　原発から海への直接的な漏出

　原発サイトからは、溶融燃料に直接触れた高濃度の汚染水が流出する。そして、現実の事故では、1、2 が同時に重なったものとして現出する。
　さらに以下のような二次的な汚染が加わる。

3　陸の降下物の河川・地下水による海への輸送

　山間部などに沿って高濃度の汚染地帯ができ、一旦、落ち着いた分布も、雨に溶け、風により輸送されることで、その分布は変化する。その過程で、河川や湖沼を汚染しつつ、海に流入する二次的な汚染が派生する。

---

[15]　注 1 と同じ。

130　第 4 章　日本海の原発

結果として信濃川、阿賀野川などにより輸送された放射能が日本海に流入する。各所にある水源地が汚染されれば、飲み水が危機に瀕する。そのほかに新潟県をはじめ、福島、長野県などでも広域的に淡水魚が汚染され、操業や出荷ができない状態が続くことは必至である。

4　海底からの溶出や巻き上がり

海底土に堆積した放射能は海底泥から海水へと再溶出し、台風などの強風による流れ場の変化に伴う巻き上がりにより二次的な汚染をもたらすことになる。

3　海洋環境への影響

1　海水

放射能は、海に入ったあとは、海水に溶けたり、また微粒子に付着して、流れに伴って海水中を移動、拡散していく。柏崎沖は、地形的に能登半島

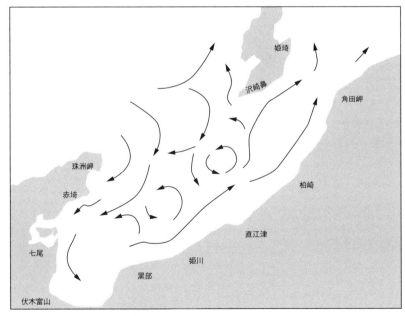

図 4-4-3　柏崎周辺の海流図（第９管区海上保安本部による）

と佐渡島を結ぶ線と比べて、かなり内側に入っており、対馬暖流の本体が流れているわけではなく、沿岸流の構造は必ずしも明確ではない。そうした中で、柏崎を含めた領域での流れについては、第九管区海上保安本部がドップラー流速計（ADCP）による海流調査を繰り返し行っている。そこから得られた海流図が、図4-4-3である[16]。能登半島の北端を通過した対馬暖流は、一部が富山湾方面に向かい、反時計回りの流れを形成し、新潟県との県境に向かい、一貫して北東方向に流れている。途中、いくつかの反時計回りの還流を形成しつつ、北へ向かっていく。図4-4-3から見れば柏崎原発で事故が起こり放射能が放出された際は、北東方向に向かい、新潟市沖を経て、更に山形方面に向かうものと考えられる。

　さらに大気経由で海に降下する放射性物質による汚染が加わる。これは、事故時の風向きにより、様々なケースが考えられるが、例えば、約4割は西、ないし西北側の日本海に降下し、相当量が対馬海流により佐渡島の両側を経て、山形、秋田、青森、岩手、そして北海道へと輸送されることになる。仮に約1ノット（毎時1852m）の流れに乗ると、1日で44km、2週間で620kmも移動する。2週間もすれば、青森県の津軽海峡付近にまで到達することになる。さらに2週間もあれば、津軽暖流により太平洋側に入り、青森、岩手の三陸海岸沿いを南下したり、北海道積丹半島沖や宗谷海峡にも達するであろう。

2　海底土

　柏崎原発の前面の海は水深が浅く、汚染水は表層を移動しながらも、短時間のうちに海底付近に到達し、海底に沈積するであろう。その上でそれらが溶出や巻き上がりにより二次汚染源となることが考えられる。

4　海・川・湖の生物への影響

1　海の生物汚染

新潟県漁業協同組合連合会ホームページにある漁場マップ[17]を図4-4-4

※16　第九管区海上保安本部（2010）；「平成22年度　日本海中部海流観測報告書」。
※17　新潟県漁業協同組合連合会ホームページ。
　　　www.van-rai.net/nigyoren/ryoushi/gyojomap.htm

132　第4章　日本海の原発

に示す。一見して、多様な種が漁獲されていることが分かる。これによると、新潟県の海岸線は623km（本土側337km、佐渡島264km）と長く、北上する対馬暖流、日本海固有の冷水、広大な大陸棚と沖合に点在する大小の天然礁により好漁場が形成されている。主要な漁業資源は、サバ、ブリ、アジ、サケ等の浮魚類、ヒラメ、カレイ、ニギス、マダイ、ホッケ等の底魚類、ベニズワイガニ、ホッコクアカエビ等の甲殻類、ミズダコ、スルメイカ等の軟体類、アワビ、サザエ、ワカメ、モズク等の海藻貝類である。一方、新潟県ホームページの魚種別の生産量[18]によれば漁獲量（2011年度）が大きい順にブリ類、マアジ、カレイ類、マダラ、スルメイカ、ベニズワイガニ、エビ類、ニギス類、ハタハタの順になっている。ここに示された魚種の構成は、島根、若狭湾、そして志賀原発に関わる検討におけるものと基本的に一致している。対馬暖流、リマン寒流、そして日本海固有冷水と言う関係性は、日本海のどこにおいても同じであり、柏崎はやや北方に位置する点で、寒流系の魚類の比重がやや高いという違いがある程度である。

　柏崎刈羽原発から放射能が流出したとすると、上記の全ての魚種に汚染は浸透していく。これらは、島根県や福井県で示したのと同様に3つほどに類型化できる。

　1）対馬暖流系の回遊魚—ブリ、マサバ、マアジ、スルメイカ。

　2）定住型の底魚—ヒラメ、ニギス、マダイ、ムシガレイなど。

　3）日本海固有水に関わる寒流系の生物—ズワイガニ、ベニズワイガニ、ホッコクアカエビ（甘エビ）。さらに寒流系のハタハタ、マダラ、サケなども漁獲される。暖流、寒流の両方の魚類、及び定着型の底魚類など多様である。

　島根、若狭湾、志賀原発の場合と同様に、汚染は食物連鎖に関わるあらゆる階層を容赦なく汚染し、動植物プランクトン、それを食べるイカナゴやカタクチイワシ、更にそれを食べるアジ、サバといった具合に汚染が広がる。更に回遊魚については、放射性物質、及び生物自体が対馬暖流により本州の日本海沿岸の全域に輸送されることで、事故から1カ月もしない

※18　新潟県ホームページ：「新潟県の水産業」。
　　　www.pref.niigata.lg.jp/HTML_Article/623/455/suisanngyou,0.pdf

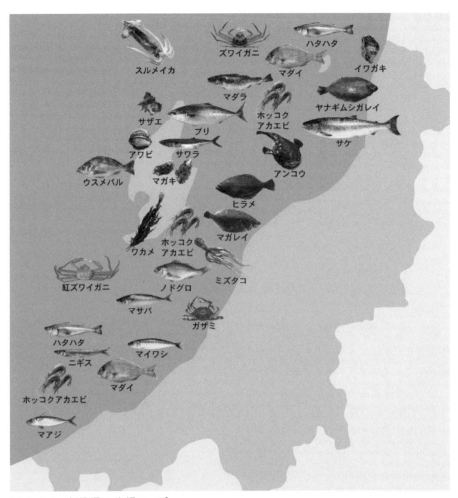

図 4-4-4　新潟県の漁場マップ

で、新潟、山形、秋田を経て、青森、北海道にまで到達し、その間に各地のカニ漁、ハタハタ漁、マグロ漁などに甚大な影響をもたらすはずである。

　海水の汚染が深刻であれば、放射性セシウムが1kg当たり基準値100ベクレルを超える水産生物が、あらゆる種に出続ける可能性が高い。それは、即ち福島県沖がそうであるように、多くの種で操業自粛や出荷停止が続き、基本的に漁業ができない事態が継続することを意味する。

2　川・湖の生物汚染

　拡散予測の約50％は、東方向を中心に陸に向かっている。長岡市、小千谷市、魚沼市などは30km圏内にあり、風向きによっては、福島から類推すれば強制避難区域に入る可能性が高い。陸に降下する放射能の分布に対応して、河川やダム、湖の汚染度は決まっていく。福島事故から推測すれば、新潟県をはじめ、長野県、福島県、群馬県、山形県など中部、関東、東北地方の各県で基準値を超える淡水魚（アユ、ヤマメなど）が出て、その限りにおいて長期にわたる出荷停止は避けられない。

　本節の分析から、柏崎刈羽原発の再稼働をめぐっては新潟県のみならず、長野県、福島県、更には、群馬県、山形県、秋田県、青森県、そして北海道の漁業者や自治体の意向を聞き、その同意を得ることが不可欠であろう。

5　泊原発──スケトウダラなどの産卵場を直撃──

1　泊原発で福島のような事態が起きたら

　泊原発（北海道電力）は、北海道・積丹半島の西側に広がる岩宇地域の泊村にあり、前面は日本海に面している。以下の加圧水型軽水炉（PWR）3基がある。
　1号機、電気出力57.9万kw（1989年6月22日稼動）。
　2号機、電気出力57.9万kw（1991年4月12日稼働）。
　2号機、電気出力91.2万kw（2009年12月22日稼働。）

135

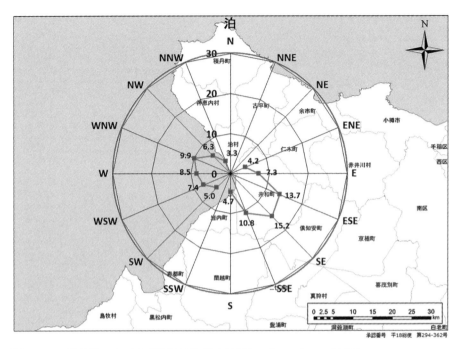

図 4-5-1　泊原発における「放射性物質の拡散シュミレーション結果」(注1、1頁)

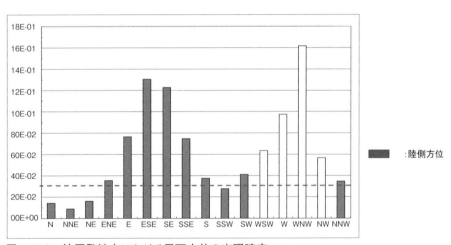

図 4-5-2　泊原発地点における風下方位の出現確率 (注1、2頁)

総電気出力、207.0万kwの規模を有する。ここでは、原子力規制庁が行った「放射性物質の拡散シミュレーション」等を参考に泊原発においてサイト出力に対応した事態が発生した時、海にいかなる影響が及ぶのか推測する。

2 海へ影響をもたらす4つのプロセス

福島事故の経緯から泊原発で事故が起きた時、海へ影響をもたらすプロセスには以下が考えられる。

1 大気からの降下

原子力規制委員会の「拡散シミュレーション」[19]での泊原発の場合を図4-5-1に示す。南東（SE）へ15.2km、東南東（ESE）13.7km、そして南南東（SSE）へ10.8kmが遠方まで影響をもたらす方位で有り、すべて倶知安町など陸に向かっている。頻度が高い風向は西北西（WNW）16%で、西（W）10%、西南西（WSW）6%、北西（NW）6%などを合わせると46%が日本海に向いている。これに対し、東南東（ESE）13%、南東（SE）12%など陸に向かう風向が41%ある（図4-5-2）。全体としては、ほぼ半分が日本海に降下し、残り半分は東から南東にかけていくつかの方向に陸側に拡散し、降下する。もう一つは偏西風の影響で北海道の東部へと輸送されていく。

2 原発から海への直接的な漏出

原発サイトからは、溶融燃料に直接触れた高濃度の汚染水が半閉鎖的な岩内湾へ向けて流出する。そして、現実の事故では、1、2が同時に重なったものとして現出する。

さらに以下のような二次的な汚染が加わる。

3 陸の降下物の河川・地下水による海への輸送

山間部などに沿って高濃度の汚染地帯ができ、一旦、落ち着いた分布も、雨に溶け、風により輸送されることで、その分布は変化する。その過

※19 注1と同じ。

137

程で、河川や湖沼を汚染しつつ、海に流入する二次的な汚染が派生する。結果として岩内湾、石狩湾や噴火湾などに流入する。各所にある水源地が汚染されれば、飲み水が危機に瀕する。広域的に淡水魚が汚染され、操業や出荷ができない状態が続くことは必至である。

4 海底からの溶出や巻き上がり

海底土に堆積した放射能は海底泥から海水へと再溶出し、台風などの強風による流れ場の変化に伴う巻き上がりにより、二次的な汚染をもたらすことになる。

3 海洋環境への影響

1 海水

泊原発の面する積丹半島西岸の沖合の海流を第一管区海上保安本部の

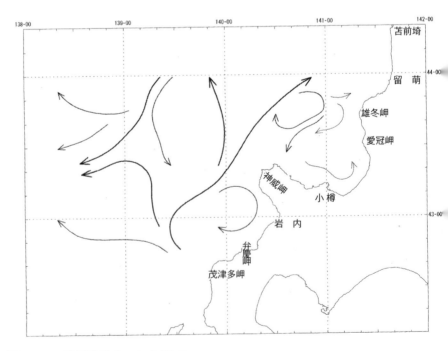

図 4-5-3 　泊原発沖合における海流 (2006 年 5 月 24 ～ 26 日)

海流観測[20] から推測すると、神威岬以南では、対馬暖流は流域が明瞭であり、茂津多岬北西方から1.5ノット前後で北上している（図4-5-3）。その一部は岩内沖へ流入し、時計回りの流れを形成しており、泊原発の前面では南流となっている。神威岬以北では、対馬暖流の強流域は狭くなり、流速も1ノット前後と減少し、神威岬北西方20海里付近から北東方へ流去している。また石狩湾内の流れは、全体的に0.5ノット以下の非常に弱い反時計回りの還流を形成している。

　このことから、仮に泊原発で事故が起こり、原発から放射能汚染水が流出したとすると、まず岩内沖の時計周りの流れにより沖合に向かうが、その先では対馬暖流に乗ることになる。さらに大気に放出されたものの約4割は西側の日本海に降下し、直接、対馬暖流に降下すると考えられる。両者が海への第一次的な負荷となる。それらは、相当量が対馬暖流により宗谷岬に向けて輸送されることになる。仮に約1ノットの流れに乗ると、1日で44km、1週間で300kmは移動するので、10日も経たないうちに宗谷海峡付近まで到達する。途中、一部は石狩湾の反時計回りの環流に乗り、石狩湾にとどまるものも出てくるであろう。

2　海底土

　泊原発の前面の海は水深が浅く、汚染水は表層を移動しながらも、短時間のうちに海底付近に到達し、海底に沈積することが考えられる。その上で、それらが溶出や巻き上がりにより二次汚染源となる。

4　海・川・湖の生物への影響

1　海の生物汚染

　泊原発から放射能が流出したとすると、原発が面する岩内湾の漁業への影響が第一義的に起こる。岩内湾はスケトウダラの主要な産卵場の一つである（巻末資料3-1)）。次いで、積丹半島西岸沖の全ての魚種に汚染は浸透していくであろう。北海道の日本海地域における主な魚種は、ホッケ、スケトウダラ、スルメイカ、カレイ類、タコ類で、2008年生産量では、

---

[20]　第一管区海上保安本部（2006）：「海洋概報　平成18年第2号、北海道西方海域海流観測」。

この上位5魚種で全体の84％を占めている[21]。ホッケ、スケトウダラは、北海道周辺の近海に広く分布する底魚である。対馬暖流が沖合に来ている関係でスルメイカがとれるが、他にもマグロ、ブリ等の暖流系回遊魚が漁獲される。一時、北海道の日本海漁業を支えたニシンは、幻の魚となっていたが、近年、石狩湾を中心に2000トンを超えるまでに回復しているという。

　放射能は、食物連鎖に関わるあらゆる階層を容赦なく汚染する。まずは、表層性のものから高濃度に汚染したものが広域的に出現するであろう。福島であったように、3カ月以上がたつにつれ、ヒラメ、カレイといった底層性魚も長期にわたる汚染を覚悟せねばならない。更に回遊魚については、対馬暖流による輸送で、事故から1カ月もすれば宗谷海峡を超えてオホーツク海にまで到達するであろう。海水の汚染が深刻であれば、放射性セシウムが1kg当り基準値100ベクレルを超える水産生物が、あらゆる種に出続ける可能性が高い。それは、即ち福島県沖がそうであるように、多くの種で操業自粛や出荷停止が続き、基本的に漁業ができない事態が継続することを意味する。

2　川・湖の生物汚染

　拡散予測の約半分は、南東方向に向かう帯状のプルームとして倶知安町など陸に向かう。陸に降下する放射能の分布に対応して、河川やダム、洞爺湖、支笏湖などをはじめ多くの湖が汚染される。福島から推測すれば、北海道南部を中心に基準値を超える淡水魚（ワカサギ、ヒメマス、アユなど）が出て、その限りにおいて長期にわたる出荷停止は避けられない。

　本節の分析から、泊原発の再稼働をめぐっては、地元の泊町と北海道庁だけでなく、周辺50km圏内の全市町村を初め北海道全域や青森県の漁業者や自治体の意向を聞き、その同意を得ることが不可欠であろう。

※21　農林水産省北海道農政事務所（2010）：「グラフで見る北海道の漁業」。

140　　第4章　日本海の原発

第5章　三陸から常磐沿岸の原発

福島第1原発の事故により放出された放射能が汚染した海は、世界三大漁場の中でも最も優れた海であった。この漁場は、地球という惑星が固有に有する力によって作り出している自然が生み出す奇跡的な場である。控え目に三陸沖の東西200km、南北500kmの海域でみても、サバ類、マイワシ、サンマ、カツオ、マグロ類、サケ、スルメイカなどの回遊魚の大漁場が形成され、海岸付近ではカキ、ホヤ、ホタテ、ワカメ、コンブなどの養殖業も盛んである。本章で扱うのは、その海に面して、青森の下北半島から茨城県東海村までにひしめいている原子力施設である。

1　東通原発・六ヶ所再処理工場
——世界三大漁場の本体を汚染する——

1　東通原発で福島のような事態が起きたら

　東通原発（東北電力）は、青森県下北半島の東通村に位置し、平坦な地形で太平洋に面している。下記のように沸騰水型軽水炉（BWR）1基がある。

　1号機、電気出力110.0万kw（2005年12月8日稼働）。

　東京電力も138.5万kw原発を構想し、2011年1月25日に着工していたが、直後に福島第1原発事故が起きたことで、計画は宙に浮いたままである。

　また、東通原発から南へ30kmには六ヶ所再処理工場がある。ここは計画通りに稼働すれば、平常時における日本で最大の放射能放出をもたらす工場となる。1年に約800トンの使用済み燃料を再処理し、プルトニウム約8トンを処理する能力が見込まれている。度重なる事故により現時点でも本格的な運転開始時期は不明である。福島事故を機にエネルギー政策の見直しで本来であれば中止すべきものであるが、原発を再稼働し、再処理するという思想が残っている限りにおいて、海洋汚染の最大の潜在的な放出源である。同工場の液体放射性廃棄物は、海岸から3km沖、水深44mの放流管から放出される計画で、本格稼働すればイギリス、フランスの再処理工場で起こったことと同じ問題が発生する[1]。国は、そのことを前提

※1　湯浅一郎（2012）:『海の放射能汚染』（緑風出版）第4章に詳述。

142　第5章　三陸から常磐沿岸の原発

として操業を許可している。液体放出の管理目標値は、実に年当たりトリチウム 1.8 京ベクレル、トリチウム以外 0.4 兆ベクレル、ヨウ素 0.17 兆ベクレルである。フランスのラ・アーグ再処理工場が、トリチウム 1.85 京ベクレルであるから、これにほぼ匹敵する。原発の管理目標値と比べても圧倒的に大きい。平常時においてさへ、原発と比べ 2 桁以上大きな液体放射能の放出が前提とされているのである。

　欧州における実態[※2] から推測すれば、六ヶ所再処理工場の本格操業が始まれば、下北半島の沖合は言うに及ばず、北海道東部から三陸沖の全域において水産業に大打撃を加えることは間違いない。東電福島原発は大事故というクライシスによる汚染であったが、六ヶ所の場合は、平常時においてさへ、既に大きな被害が出ることが分かっていての行為である。これを容認する国の判断は無謀としか言いようがない。これは、生物多様性国家戦略や循環型社会基本法などに明確に違反する不法行為と言うべきことである。

　ここでは、東通原発での過酷事故によりいかなる事態が生じるのかを中心に、原子力規制庁が行った「放射性物質の拡散シミュレーション」等を参考に規制委員会が想定した事態が発生した時、海にいかなる影響が及ぶのか推測する。

2　海へ影響をもたらす 4 つのプロセス

　東通原発で事故が起きた時、海へ影響をもたらすプロセスには以下が考えられる。

1　大気からの降下

　図 5-1-1 は東通原発についての、サイト出力に対応した事故の場合の拡散シミュレーション結果である[※3]。原発からの距離に対応した平均的な被曝の実効線量に関するグラフを使用し、国際原子力機関（IAEA）が定めている避難の判断基準（事故後 1 週間の内部・外部被曝の積算線量が計 100

※2　注 1 と同じ。
※3　原子力規制庁（2012）:「放射性物質の拡散シミュレーションの試算結果（総点検版）」。

ミリシーベルト）に達する最も遠い地点を求め、地図に表している。東方向に17.4km、東南東に15.5kmの方位が最も遠くまで影響することになる。

東通原発における風向きで最も頻度が高いのは、風下方位が東（E）方向約28%、次いで東南東（ESE）14%、及び東北東（ENE）10%である（図5-1-2）。この3つで52%を占める。これらは、どれも前面の海上を拡散する。年間平均の風の分布から見れば約66%が海上を拡散する風向である。風向きごとに帯状に降下し、短時間に遠方まで輸送され、海面に相当な負荷がもたらされる。一方、陸上がかかる方位は全体の約26%であるが、これも下北半島を超えれば、陸奥湾や津軽海峡に向かっており、相当量が海に降下する可能性が高い。

これに、福島事故で大気に放出された放射性物質の8割は太平洋に降下したとみられることから類推される偏西風の影響が加わる。東通原発で事故があれば、放射性物質は東へと輸送され、結局のところ、太平洋に降下し、ひいてはグローバルな大気大循環に乗って、より広範囲に拡散するものもあるに違いない。

2　原発などから海への直接的な漏出

メルトダウンを伴う大事故が発生した時、崩壊熱に対処するため溶融燃料に直接触れた高濃度の汚染水が原発サイトから流出する。その流出の仕方は、事故の起き方によって、色々なシナリオがありうる。直下型の大規模な地震や津波に伴う事故の場合であれば、福島と同様、冷却系統の破綻は複雑で、建屋の地下への漏水も多岐にわたり、海へと通じた地下水への混入を中心に流出ルートはいくつもできる公算が強い。この問題は、福島第1原発と同様、連続的な負荷源となり、終息の見えないまま推移するであろう。

そして、現実の事故では、1、2が同時に重なったものとして現出する。
さらに以下のような二次的な汚染が加わる。

3　陸への降下物の河川・地下水による海への輸送

山間部に沿って高濃度の汚染地帯ができ、一旦、落ち着いた分布も、雨に溶け、風により輸送されることで、その分布は変化する。その過程で、

144　第5章　三陸から常磐沿岸の原発

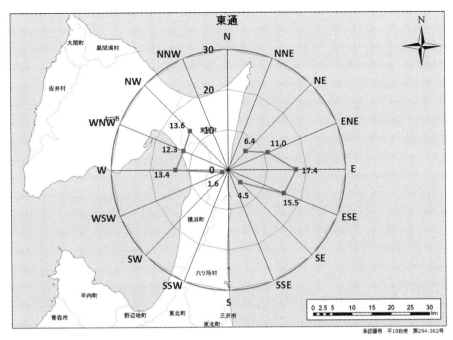

図 5-1-1　東通原発における「放射性物質の拡散シュミレーション結果」(注3、4頁)

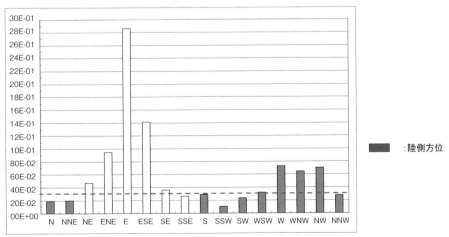

図 5-1-2　東通原発地点における風下方位の出現確率(注3、5頁)

河川や湖沼を汚染しつつ、海に流入する二次的な汚染が派生する。周辺には、むつ小川原湖、十和田湖、宇曽利山湖（恐山のカルデラ湖）、十三湖などがある。青森県内各所にある水源地が汚染されれば、県民の飲み水が危機に瀕することになる。そのほかの地方も含めて広域的に淡水魚が汚染され、操業や出荷ができない状態が続くことは必至である。いずれにせよ、実際の汚染は、事故発生時の気象条件に左右され、より複雑で、影響を受ける範囲も多岐にわたるであろう。

4　海底からの溶出や巻き上がり

海底土に堆積した放射能は海底泥から海水へと再溶出し、台風などの強風による流れ場の変化に伴う巻き上がりにより二次的な汚染をもたらすことになる。

3　海洋環境への影響

1　海水

放出された放射能の移動経路と影響範囲を考えるにあたり最も重要なことは、放射能の拡散というよりは、流れによる移流である。東通・六ヶ所沖の海流系については、季節により変化する2つのパターンが知られている。この海域には、三陸沿岸を南下する津軽暖流水がある。津軽暖流水は、第1章及び第4章で述べてきた対馬暖流の末裔の1つであり、いわば黒潮の一部が、日本海を経由して、かなり北に位置する北緯40度付近で太平洋に割り込んでいく海流と言える。下北半島の太平洋側の沖では、それに親潮系水、さらに黒潮系の暖水塊などが複雑に入り組み、前線帯を形成しており、その分布や流路パターンは顕著な季節変動を示す。つまり、季節により流れの傾向が異なっている。花輪（1984）[4]によれば、この海域の海況は大きく2つに分類される（図5-1-3）。

　ⓐ津軽海峡の東口から沖へと張り出す渦モード（夏から秋にかけての暖候期）：

　この時期、下北半島の東には、東西150km、南北100kmの暖水渦が形

─────────────────────
※4　花輪公雄（1984）：「沿岸境界流」、沿岸海洋研究ノート、第22巻、1号。

146　　第5章　三陸から常磐沿岸の原発

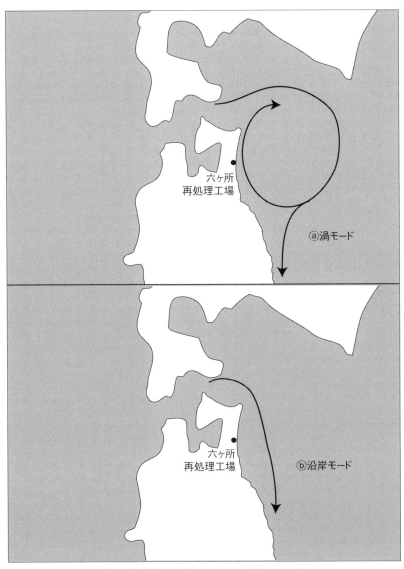

図 5-1-3 津軽暖流水の太平洋への出口における流れのパターン

成され、時計回りの環流が存在する。東通原発や六ヶ所再処理工場から放出される付近には、北西、ないし北向きの1～2ノットの強い流れがある。

　ⓑ本州沿岸に沿った沿岸モード（寒候期）：

　高温、高塩分の津軽暖流水は、下北半島に沿って南に広がっていき、南下するにつれて三沢沖あたりから沖合に張り出していく。この時は、陸に沿って南下し、尻屋崎沖で2ノット、三沢沖で1ノットくらいになる。

　このように、下北半島の太平洋側の沖では、渦モードでは、多くの場合、北流が卓越し、逆に沿岸モードでは南流が卓越し、ともに1～2ノット程度の流れがある。これらの流れは、いずれも一方向の定常的な流れで、物質輸送に大きな影響を与える。放射性物質の多くは半減期が長いことから、ⓐの場合に時計回り還流によって北へ運ばれても、渦を4分の3周ほど回転した後は南へ流れていくであろう。結果として、ⓐ、ⓑいずれでも最終的には南へ向かうことになる。その意味で、六ヶ所再処理工場が本格稼働したり、東通原発で事故が起こった場合には、主として下北半島沖から三陸沖の海洋汚染が問題になると予想される。

　水口[5]によれば、2002年8月3日、六ヶ所再処理工場の放出口地点から1万枚のハガキを放流した実験がある。ハガキは、北から苫小牧1枚、六ヶ所村58枚をはじめとして青森県62枚、岩手県2枚、宮城県は気仙沼市6枚など10枚、福島県1枚、茨城県は波崎町12枚、鹿島市7枚など24枚、そして千葉県では銚子など3枚、計103枚が回収された。回収率は1%と高くないが、その約半分は、三陸から銚子までの南側の海域に集中している。ハガキの場合、風の影響も強く受けているので、核種の移動とそのまま一致するとは限らないが、流れ場が南に向かっていることとほぼ一致している。

　また2005年に日本海側から津軽海峡を経て、太平洋に流入した越前クラゲが、三陸沖を南下し、房総半島にまで1カ月半ほどで到達している。水産庁日本海区水産研究所の調査[6]によると、越前クラゲの群れは、9月13日に下北半島の先端に出現したあと、9月20日、岩手県北部、9月30

---

[5]　水口憲哉（2006）：『放射能がクラゲとやってくる』、七つ森書館。
[6]　日本海区水産研究所（2006）：「2005年度における出現経過（2005年7月～2006年3月の一週間毎の目撃地点）」。
　　　http://jsnfri.fra.affrc.go.jp/Kurage/kurage_hp21/2005.html

日、岩手県全域、10月14日、牡鹿半島を越え、25日には銚子沖にまで到達していたとしている。つまり、下北半島の通過から見て、1カ月で牡鹿半島沖、1カ月半で銚子沖に到達したというわけである。かなり早い移動である。

2　海底土

福島第1原発事故では、事故当時、親潮系の海水が原発沖に分布し、南へ向かう流れが卓越していたため、原発から南側の福島県沖と茨城県側の海底土に濃度の高い領域ができた。東通原発の場合、海水は三陸海岸沿いを南に向け移動するので海底土の汚染分布もこれに対応していくであろう。

4　海・川・湖の生物への影響

1　海の生物汚染

青森県ではイカ類、ホタテガイ（主に養殖）生産量は、ともに北海道に次いで全国第2位である。他にもサバ類、タラ類、イワシ類、カツオ類、マグロ類など回遊魚の漁獲が多い[7]。かつて漁獲量が日本一であったことなどから1987年に「県の魚」に指定されたヒラメ資源は、稚魚放流などを経て「つくり育てる漁業」の結果、資源は順調に回復しつつあるとされる。

東通原発で福島並みの事故が起きたとき、放射能汚染は、汚染源に最も近い下北半島の太平洋側から南へ下った三陸海岸に沿って、まず上記の様々な魚種にわたって基準値を超えるものが続出するであろう。さらには陸奥湾や津軽海峡にも大気経由の放射能が降下し、それぞれ特徴のある陸奥湾のホタテガイ、大間を始めとした津軽海峡のクロマグロなどに直接的な打撃を加える。津軽暖流水の南流による、岩手、宮城県に連なる世界三大漁場の本体としての三陸沖の海が汚染されることになる。

2　川・湖の生物汚染

拡散予測の約4分の1が陸に向いており、下北半島や津軽平野、更には

※7　青森県ホームページ。
　　　www.pref.aomori.lg.jp/soshiki/nourin/nosui/files/H25zu62-69.pdf

南側の東北山脈などに降下する。それらが、陸に降下する放射能の分布に対応して、河川やダム、湖の汚染度は決まっていく。周辺に大きな河川はないが、むつ小川原湖のワカサギ、十和田湖のヒメマス、十三湖のシジミ等の被害が懸念される。

　福島事故から推測すれば、東北地方の各県で基準値を超える淡水魚（アユ、ヤマメなど）が出て、その限りにおいて長期にわたる出荷停止は避けられない。

　本節の分析から、東通原発の再稼働や六ヶ所再処理工場の稼働をめぐっては、青森県のみならず、岩手県、宮城県、北海道などの漁業者や自治体の意向を聞き、その同意を得ることが不可欠であろう。

2　女川原発
——三陸沖から仙台湾など世界三大漁場の中心部を汚染——

1　女川原発で福島のような事態が起きたら

　女川原発（東北電力）は宮城県牡鹿郡女川町塚浜にあり、牡鹿半島の付け根、三陸リアス式海岸に展開する好漁場の最南端の女川湾湾口部に位置する。以下の沸騰水型軽水炉（BWR）3基がある。

　1号機、電気出力 52.4 万 kw（1984 年 6 月 1 日稼動）。

　2号機、電気出力 82.5 万 kw（1995 年 7 月 28 日稼働）。

　3号機、電気出力 82.5 万 kw（2002 年 1 月 30 日稼働）。

　総電気出力 217.4 万 kw の規模を有する。ここでは、原子力規制庁が行った「放射性物質の拡散シミュレーション」等を参考に女川原発においてサイト出力に対応した事態が発生した時、海にいかなる影響が及ぶのか推測する。

2　海へ影響をもたらす4つのプロセス

　福島事故の経緯も参考にすると、女川原発で事故が起きた時、海へ影響をもたらすプロセスには以下が考えられる。

150　　第5章　三陸から常磐沿岸の原発

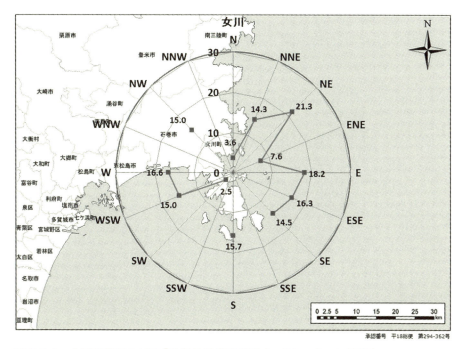

図 5-2-1　女川原発における「放射性物質の拡散シュミレーション結果」(注3、7頁)

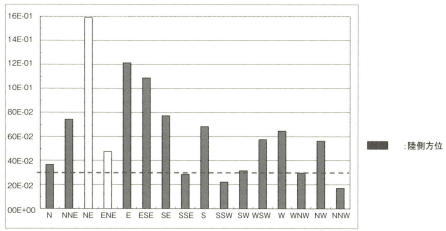

図 5-2-2　女川原発地点における風下方位の出現確率 (注3、8頁)

1　大気からの降下

原子力規制委員会の「拡散シミュレーション」[※8]での女川原発の場合を図5-3-1に示す。北東（NE）へ21.3km、東（E）へ18.2km、そして西（W）へ16.6kmと遠方まで影響を及ぼす方位はばらついている。頻度が高い風向は北東（NE）16％で、東（E）12％、東南東（ESE）11％など北北東から南南西までを合わせると73％が太平洋に向いている。これに対し、西（W）、北西（NW）、西南西（WSW）が各6％を含め、内陸に向かう風は26％しかない（図5-3-2）。その3分の1は、石巻湾や松島湾に向かっており、海に降下するものも相当あると考えられる。加えて偏西風の影響で全体として東へと輸送されていく。

2　原発から海への直接的な漏出

原発サイトからは、溶融燃料に直接触れた高濃度の汚染水が流出する。そして、現実の事故では、1、2が同時に重なったものとして現出する。

さらに以下のような二次的な汚染が加わる。

3　陸への降下物の河川・地下水による海への輸送

山間部などに沿って高濃度の汚染地帯ができ、一旦、落ち着いた分布も、雨に溶け、風により輸送されることで、その分布は変化する。その過程で、河川や湖沼（万石浦、伊豆沼、長沼、荒雄湖〔鳴子町〕など）を汚染しつつ、海に流入する二次的な汚染が派生する。結果として石巻湾、仙台湾などに流入する。各所にある水源地が汚染されれば、飲み水が危機に瀕する。そのほかにも広域的に淡水魚が汚染され、操業や出荷ができない状態が続くことは必至である。

4　海底からの溶出や巻き上がり

海底土に堆積した放射能は海底泥から海水へと再溶出し、台風などの強風による流れ場の変化に伴う巻き上がりにより二次的な汚染をもたらすことになる。

───────────────

[※8]　注3と同じ。

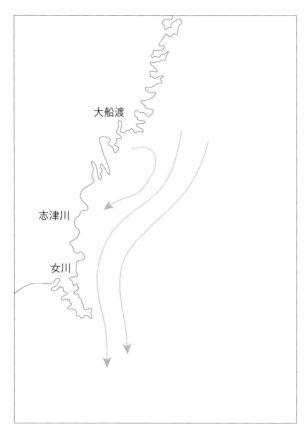

図 5-2-3　女川沖における表層の海流 (2004 年 8 月 16-17 日)。

3　海洋環境への影響

1　海水

　仮に福島事故のように、女川で放射性廃液が海に放出されたらどうなるのか。放射能は、海に入ったあとは、海水に溶けたり、また微粒子に付着して、流れに伴って海水中を移動、拡散していく。直観的に考えて女川湾周辺をはじめ、三陸沖の海岸線沿いは、致命的な被害を受けることは想像に難くない。

　5－1節と同様、この海域には、三陸沿岸を南下する津軽暖流水、親潮

系水、さらに黒潮系の暖水塊などが複雑に入り組み、前線帯を形成しており、その分布や流路パターンは季節や年により大きく変動する。夏場には黒潮系水が金華山沖あたりまで北上し、黒潮から分離した暖水塊が分布したりするが、多くの場合、津軽暖流が南下している。図5-2-3は、第二管区海上保安本部の海流観測[※9]による8月の海流図である。大船渡沖から女川沖、金華山にかけて津軽暖流系の暖水があり、毎秒0.5〜1mのかなり強い南流がみられる。この直後の8月27日のNOAA衛星画像が、図5-2-4（グラビア・カラー図）である。三陸沿岸には津軽暖流が南下し、これが女川沖の南下流の正体である。その沖合には、低温の親潮が強く南に張り出し、その先端は小名浜の南東沖辺りにまで達している。親潮系水の更に沖の塩釜の東南東250km付近には黒潮から派生したと見られる大きな暖水塊がある。このような海況は、初夏から晩秋にかけてよくみられる構図である。

　一方で、冬期には親潮系水が勢力を増し、福島や茨城県沖にまで南下しており、女川沖にも親潮が停滞する。この時も、流れは南に向かう。女川沖で北流が起きるのは、黒潮系の暖水塊が金華山沖などにとどまる場合に、時計回りの流れができ、岸近くでは北に向かう流れができる程度で、多くの場合、南流が支配的と考えられる。

　従って、事故で女川原発から放射能が放出された場合には、多くが南に向かうであろう。2004年8月の図5-2-3のような場合には、金華山沖を経て、福島沖辺りまで1週間とかいう短期間に達すると考えられる。これに大気経由で海に降下する放射性物質が加わる。これらは、沿岸だけに限らず親潮や暖水塊が分布する海域にまで到達し海に降下するものも出るので、より分散し、かつ広範囲に拡散していくであろう。

2　海底土

　汚染水は表層を移動しながらも、短時間のうちに海底付近に到達し、海底に沈積することが考えられる。福島事態による海底土の汚染にならって女川原発の近傍から順次、汚染が進行することになる。

※9　第二管区海上保安本部（2004）：「本州東方海流観測報告書」。

154　第5章　三陸から常磐沿岸の原発

4　海・川・湖の生物への影響

1　海の生物汚染

　女川は漁業の町である。リアス式海岸の典型である女川湾は、閉鎖的な地形ではあるが、平均水深39mで外洋水の影響を受けやすく、奥部を除けば水質は良好である。湾の全域に渡ってカキ、ホヤ、ワカメ、ギンザケ、ホタテなどの養殖が盛んである。宮城県のホヤ、ギンザケの漁獲量は全国第1位であり、カキ、ワカメ、アワビは全国第2位である。東日本大震災の津波により、漁場は壊滅的な被害を受けたとはいえ、海洋の豊かさそのものは不変であり、時間の経過とともに漁業活動は復活している。また女川港は、サンマをはじめ、サケ、タラの水揚げは全国でも有数の水揚げ量を持つ漁港である。

　女川原発から放射能が流出したとすると、近海の全ての魚種に汚染は浸透していく。宮城県の漁獲量が高い順にサンマ、カツオ、マグロ類、サバ類、サメ類、イカ類、イワシ類、タラ類、イカナゴとなっている[10]。黒潮と親潮が絡んだ回遊魚であるサンマ、カツオ、マグロ類、イワシ類、サバ類、イカ類などが多い。回遊魚は、汚染水とともに移動し、海水の汚染が深刻であれば、放射性セシウムが1kg当たり基準値100ベクレルを超える水産生物が、あらゆる種に出続ける可能性が高い。それは、即ち福島県沖がそうであるように、多くの種で操業自粛や出荷停止が続き、基本的に漁業ができない事態が継続することを意味する。

2　川・湖の生物汚染

　拡散予測の約4分の1が北西から西に向かうもので、宮城平野や東北山脈などに降下する。それらが、河川を通じて、宮城県を中心に海に流下してくることは、福島事態で経験済みである。陸に降下する放射能の分布に対応して、河川やダム、湖の汚染度は決まっていく。北上川、七北田川などの河川でのアユ、ヤマメ、イワナの汚染、万石浦のカキ養殖、伊豆沼、長沼、荒雄湖などの汚染が懸念される。福島から推測すれば、東北地方の各県で基準値を超える淡水魚（アユ、ヤマメなど）が出て、その限りにお

※10　宮城県水産技術総合センターホームページ。

155

いて長期にわたる出荷停止は避けられない。

　本節の分析から、女川原発の再稼働をめぐっては、宮城県のみならず、岩手県、福島県、茨城県、千葉県、青森県などの東北、関東各県の漁業者や自治体の意向を聞き、その同意を得ることが不可欠であろう。

3　福島第2原発
——汚染は季節や年により大きく変動——

1　福島第2原発で福島のような事態が起きたら

　福島第2原発（東京電力）は、福島第1原発の南約10km に位置し、楢葉町に有る。そもそも福島第1原発と同様に、2011年3月11日の大地震と津波に襲われ、幸い大きな事故に至らずに事なきを得た。福島第1原発で事故を起こした同じ東電の原発で有り、まさか再稼働はありえないと考えるのが普通であろう。しかし、福島事態を経ながらも、既に PWR を中心に再稼働が始まり、原発を輸出すると言うのが日本の政治である。施設が有る限りにおいて、動かないという保証はないので、ここも対象とせざるを得ない。以下の沸騰水型軽水炉（BWR）4基がある。

　1号機、電気出力 110.0 万 kw（1982年4月20日稼動）。
　2号機、電気出力 110.0 万 kw（1984年2月3日稼働）。
　3号機、電気出力 110.0 万 kw（1985年6月21日稼動）。
　4号機、電気出力 110.0 万 kw（1987年8月25日稼働）。

　総電気出力 440.0 万 kw の規模を有する。原子力規制庁が行った「放射性物質の拡散シミュレーション」等を参考に福島第2原発においてサイト出力に対応した事態が発生した時、海にいかなる影響が及ぶのか推測する。

2　海へ影響をもたらす4つのプロセス

　福島事故の経緯も参考にすると、福島第2原発で事故が起きた時、海へ影響をもたらすプロセスには以下が考えられる。

1　大気からの降下
　原子力規制委員会の「拡散シミュレーション」[11] での福島第2原発の

156　　第5章　三陸から常磐沿岸の原発

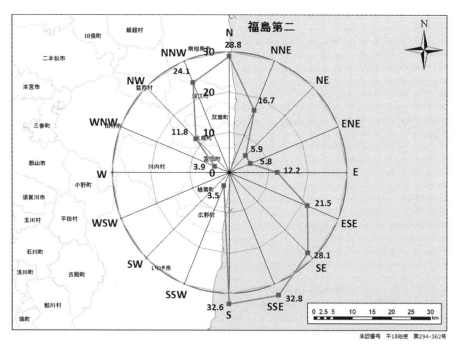

図 5-3-1　福島第2原発における「放射性物質の拡散シュミレーション結果」(注3、10頁)

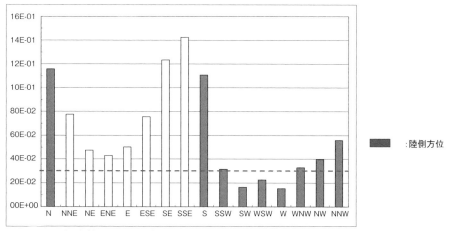

図 5-3-2　福島第2原発地点における風下方位の出現確率 (注3、11頁)

場合を図5-3-1に示す。南南東（SSE）へ32.8km、南（S）32.6km、そして北（N）へ28.8kmの順に遠方まで影響を及ぼす方位となる。頻度が高い風向は南南東（SSE）14％で、南東（SE）12％、南（S）11％などを合わせると66％が太平洋に向いている。

これに対し、北（N）約12％、北北西（NNW）6％などで33％が陸側に向かっている（図5-3-2）。

福島第1原発と比べ内陸に入っていく割合は小さく、海岸線に沿って南北に動く可能性が高い。加えて偏西風の影響で太平洋へと輸送されていく。

2　原発から海への直接的な漏出

原発サイトからは、溶融燃料に直接触れた高濃度の汚染水が流出する。この問題は、福島第1原発事故と同様、連続的な負荷源となり、終息の見えないまま推移するであろう。そして、現実の事故では、1、2が同時に重なったものとして現出する。

さらに以下のような二次的な汚染が加わる。

3　陸への降下物の河川・地下水による海への輸送

山間部などに沿って高濃度の汚染地帯ができ、一旦、落ち着いた分布も、雨に溶け、風により輸送されることで、その分布は変化する。その過程で、河川や湖沼（松川浦や請戸川、新田川、真野川などの堰き止め湖など）を汚染しつつ、海に流入する二次的な汚染が派生する。風向からは、海岸線近くに降下するものが多いと考えられるので、河川経由のものも相当量が浜通り地方の中小河川を通じて福島沖の海に流入する。各所にある水源地が汚染されれば、飲み水が危機に瀕する。そのほかに福島県などでも広域的に淡水魚が汚染され、操業や出荷ができない状態が続くことは必至である。

4　海底からの溶出や巻き上がり

海底土に堆積した放射能は海底泥から海水へと再溶出し、台風などの強

※11　注3と同じ。

風による流れ場の変化に伴う巻き上がりにより二次的な汚染をもたらすことになる。

3 海洋環境への影響

1 海水

福島県沖は、南からの黒潮と北からの親潮のバランスで潮境が移動するため、季節や年による変動が大きい。図5-3-3（グラビア・カラー図）は、宇宙航空研究開発機構（以下、JAXA）[12]のホームページから引用した東北海区における衛星画像による海面温度分布の春と夏を比較したものである。4月の図からは、親潮が沿岸に沿って南下し、黒潮との潮境が銚子沖付近にある様子が分かる。2011年3月の東日本大震災の時は、潮境が銚子沖にあり、福島沖には親潮が張り出しており、南流が支配的であった。そう言う時に事故があれば、3.11同様に原発から南側を中心に汚染水が移動、拡散することになる。

一方、右の7月下旬の図は、黒潮が北に張り出し、金華山からさらに北側まで高水温域が分布している。このような時、福島沖では北流が支配的であろう。このように夏、秋にかけては、黒潮が強まり、金華山沖に黒潮から分離した暖水塊が分布することも多く、その時、福島沖には北向きの流れが有ると考えられる。

また5-2女川原発の項で見たように、第二管区海上保安本部の海流観測[13]には、同時期の福島沖の海流図がある（図5-3-4）。これは沖合で親潮系の海水が南流するのに対して、福島県の沿岸付近では北向きの毎秒30〜45cmとかなり速い流れがみられている。このような時は、原発から北側を中心に汚染水は移動、拡散するので、宮城県、更には金華山付近までが、高濃度に汚染される可能性が高い。

さらに大気経由で海に降下する放射性物質による汚染が加わる。これは、事故時の風向きにより、様々なケースが考えられるが、多くが南東向

---

[12]　宇宙航空研究開発機構（JAXA）・MODISピックアップ・ギャラリー。
　　　http://www.eorc.jaxa.jp/hatoyama/satellite/sendata/modis3_j.html
　　　NASAのTerra/Aqua衛星画像搭載のMODIS（中分解能撮像分光放射系）のデータをJAXAが受信し、公開している。
[13]　第二管区海上保安本部（2004）：「本州東方海流観測報告書」。

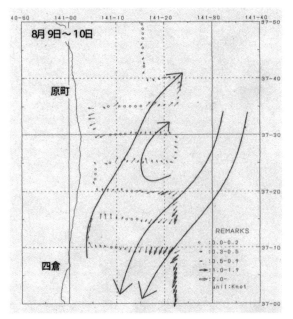

図5-3-4　福島沖における北向きの海流

きの風が強いので、相当量が南方向に降下すると考えられる。

2　海底土

　汚染水は表層を移動しながらも、短時間のうちに海底付近に到達し、海底に沈積することが考えられ、これは福島第1原発事故による汚染が、既に多くのことを予測させている。そして、それらが溶出や巻き上がりにより二次汚染源となるのである。

4　海・川・湖の生物への影響

1　海の生物汚染

　福島第2原発から放射能が流出したとすると、福島沖の全ての魚種に汚染は浸透していく。これも、既に福島第1原発事故による水産生物の汚染に関するデータがあるので、基本的には、同様の現象が発生すると考えられる[※14]。福島第1原発事故発生以前の2001～2010年の福島県における平

均漁獲量※15 で 1000 トンを超えているのは、多い順にカツオ約 9400 トン、イカナゴ約 7300 トン、カタクチイワシ類約 5100 トン、サンマ約 5800 トン、サバ類約 4200 トン、ヤナギダコ約 2000 トン、マダラ約 1300 トンである。その他、相馬、双葉地方などの沿岸では、カレイ、ヒラメ、アイナメなども盛んに漁獲されている。

　回遊魚は、汚染水とともに移動し、海水の汚染が深刻であれば、放射性セシウムが 1kg 当たり基準値 100 ベクレルを超える水産生物が、あらゆる種に出続ける可能性が高い。即ち福島県沖がそうであるように、多くの種で操業自粛や出荷停止が続き、基本的に漁業ができない事態が継続することを意味する。

2　川・湖の生物汚染

　拡散予測の約 33％は、陸に向いており、浜通り地方の陸地を汚染すると考えられるので、河川下流域を中心に原発から 30 ～ 50km 圏内では強制避難区域に入る可能性が高い。陸に降下する放射能の分布に対応して、河川やダム、湖の汚染度は決まっていく。河川や湖沼（松川浦や請戸川、新田川、真野川などの堰き止め湖など）を汚染しつつ、福島第 1 原発事故から推測すれば、福島県を中心に各県で、基準値を超える淡水魚（アユ、ヤマメなど）が出て、その限りにおいて、長期にわたる出荷停止は避けられない。

　本節の分析から、福島第 2 原発の再稼働をめぐっては、福島県のみでなく、宮城県、茨城県をはじめ、栃木県、群馬県、埼玉県、千葉県、岩手県など東北、関東各県の漁業者や自治体の意向を聞き、その同意を得ることが不可欠であろう。

4　東海第 2 原発——周囲に人口が多い市が集中——

1　東海第 2 原発で福島のような事態が起きたら

　東海第 2 原発（日本原子力発電）は茨城県那珂郡東海村にあり、前面は

※ 14　湯浅一郎（2014）：『海・川・湖の放射能汚染』、緑風出版。
※ 15　福島県農林水産部水産課（2011）：「平成 22 年 福島県海面漁業漁獲高統計」。

161

太平洋に面している。日本で最初のコールダーホール型炉が1966年から1998年まで稼働していたが、現在は、以下の沸騰水型軽水炉（BWR）1基がある。

1号機、 電気出力110.0万kw（1978年11月28日稼働）。

ここでは、原子力規制庁が行った「放射性物質の拡散シミュレーション」等を参考に東海第2原発においてサイト出力に対応した事態が発生した時、海にいかなる影響が及ぶのか推測する。

2　海へ影響をもたらす4つのプロセス

福島事故の経緯も参考にすると、東海第2原発で事故が起きた時、海へ影響をもたらすプロセスには以下が考えられる。

1　大気からの降下

原子力規制委員会の「拡散シミュレーション」[16]での東海第2原発の場合を図5-4-1に示す。南西（SW）へ13.1km、東南東（ESE）12.3km、そして北北西（NNW）8.7kmが、遠方へ影響をもたらす方位であり、かなり分散している。頻度が高い風向は東南東（ESE）22%で、東（E）7%、南東（SE）6%を合わせると35%が太平洋に向いている。これに対し、南西（SW）16%、南南西（SSW）11%、西南西（WSW）6%を初めとして、残りの65%は陸に向かう風である（図5-4-2）。県庁所在地の水戸市は15～30km圏内にある。驚くべきことに他にも日立市、ひたちなか市、常陸太田市、常陸大宮市など茨城県の主要都市が30km圏内に数多く存在する。

2　原発から海への直接的な漏出

原発サイトからは、溶融燃料に直接触れた高濃度の汚染水が流出する。この問題は、福島第1原発と同様、連続的な負荷源となり、終息の見えないまま推移するであろう。そして、現実の事故では、1、2が同時に重なったものとして現出する。

さらに以下のような二次的な汚染が加わる。

※16　注3と同じ。

162　第5章　三陸から常磐沿岸の原発

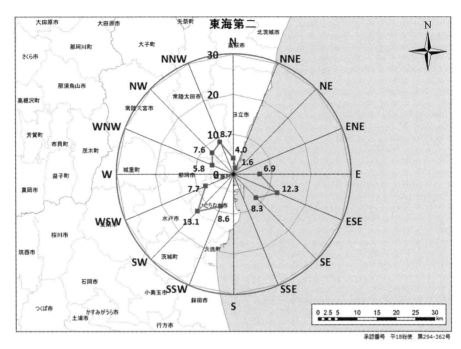

図 5-4-1 東海第 2 原発における「放射性物質の拡散シュミレーション結果」(注3、13頁)

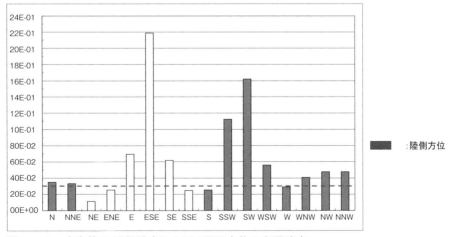

図 5-4-2 東海第 2 原発地点における風下方位の出現確率 (注3、14頁)

163

3　陸への降下物の河川・地下水による海への輸送

　山間部などに沿って高濃度の汚染地帯ができ、一旦、落ち着いた分布
も、雨に溶け、風により輸送されることで、その分布は変化する。その過
程で、河川や湖沼を汚染しつつ、海に流入する二次的な汚染が派生する。
結果として東海村沖の太平洋に流入するとともに、霞ヶ浦、涸沼や手賀沼
と言ったところにも影響が出ることが考えられる。この問題は、福島第1
原発事故により、既に、ある程度分かっていることである[17]。各所にある
水源地が汚染されれば、飲み水が危機に瀕する。そのほかに千葉県、埼玉
県、東京都、栃木県、群馬県などでも広域的に淡水魚が汚染され、操業や
出荷ができない状態が続くことは必至である。

4　海底からの溶出や巻き上がり

　海底土に堆積した放射能は海底泥から海水へと再溶出し、台風などの強
風による流れ場の変化に伴う巻き上がりにより二次的な汚染をもたらすこ
とになる。

3　海洋環境への影響

1　海水

　東海村沖は、福島沖などとも同様に南からの黒潮と北からの親潮のバ
ランスで潮境が移動するため、海況や海流は季節や年による変動が大き
い。5-3 福島第2原発の節でも引用したように、宇宙航空研究開発機構
（JAXA）[18]のホームページから引用した東北海区における衛星画像による
海面温度分布の春と夏を比較した図5-3-3（グラビア・カラー図）は、東海
村沖の典型的な海況を示している。4月の図は、親潮が沿岸に沿って南下
し、黒潮との潮境が銚子沖付近にある。この時、東海村沖は南流である。
2011年3月の東日本大震災の発生時も潮境は銚子沖にあり、東海村沖に
は親潮が張り出し南流が支配的であった。このような時に事故があれば、
3.11同様に放射能汚染水は、原発から南側へ流れ、南側を中心に汚染水

※17　注14と同じ。
※18　宇宙航空研究開発機構（JAXA）・MODIS ピックアップ・ギャラリー。
　　　http://www.eorc.jaxa.jp/hatoyama/satellite/sendata/modis3_j.html

が移動、拡散するであろう。そして、銚子沖から東に延びる潮境で沈降しつつ、黒潮続流により東に向けて流れていくと考えられる。一方、右図の7月下旬では、黒潮が北に張り出し、金華山からさらに北側まで高水温が分布している。このような時、東海村沖は、北流が支配的であろう。事故が起きれば、汚染水は北へ向かい福島方面の汚染が高くなるはずである。

　さらに大気経由で海に降下する放射性物質による汚染が加わる。これは、事故時の風向きにより、様々なケースが考えられるが、多くが南東向きの風が強いので、相当量が太平洋に降下し、汚染水の移動と同じような方角に降下すると考えられる。

2　海底土

東海第2原発の前面は水深が浅く、汚染水は表層を移動しながらも、短時間のうちに海底付近に到達し、海底に沈積することが考えられる。そして、それらが溶出や巻き上がりにより二次汚染源となるのである。

4　海・川・湖の生物への影響

1　海の生物汚染

東海第2原発から放射能が流出したとすると、東海村沖の全ての魚種に汚染は浸透していく。茨城県の水産ガイド[19]によれば、2012年度の茨城県の生産量上位10種は、多い順に概数でサバ類7万9000トン（全国1位）、マイワシ4万1000トン（全国1位）、スルメイカ7400トン（全国6位）、マアジ4200トン（全国6位）、ブリ類3400トン、シラス2600トン、サンマ2500トン、カタクチイワシ2300トン、ビンナガ1800トン、そしてタコ類370トンとなっている。これらは、まさに第1章4で、日本列島周辺に多く生息する回遊魚として例示した種ばかりであり、典型的な黒潮系の回遊魚である。茨城県は、これら回遊魚の生産量が全国的にも有数のものであることが分かる。

　放射能は、食物連鎖に関わるあらゆる階層を容赦なく汚染する。動植物プランクトン、それを食べるイカナゴやカタクチイワシ、更にそれを食べるアジ、サバといった具合である。まずは、福島であったように、表層性

---

[19]　茨城県水産課（2015）:「平成26年度　茨城の水産ガイド」。

165

のものから高濃度に汚染したものが広域的に出現するであろう。3カ月以上がたつにつれ、アイナメ、ヒラメ、メバルといった底層性魚も長期にわたる汚染を覚悟せねばならない。

　回遊魚は、汚染水とともに移動し、海水の汚染が深刻であれば、放射性セシウムが1kg当たり基準値100ベクレルを超える水産生物が、あらゆる種に出続ける可能性が高い。それは、即ち福島県沖がそうであるように、多くの種で操業自粛や出荷停止が続き、基本的に漁業ができない事態が継続することを意味する。

2　川・湖の生物汚染

　拡散予測の約35％は、南南西（SSW）などに向かう帯状のプルームとして水戸市をはじめ、石岡市、土浦市、つくば市などの方角になる。霞ヶ浦、涸沼や手賀沼といったところにも影響が出る。

　福島第1原発事故による茨城、埼玉、千葉各県境の丘陵地帯の汚染が、周辺の河川、湖を汚染し、ひいては、東京湾にまで影響が及んだことはすでに良く知られている[20]。陸に降下する放射能の分布に対応して、河川やダム、湖の汚染度は決まっていく。福島から推測すれば、関東地方の各県で基準値を超える淡水魚（アユ、ヤマメなど）が出て、その限りにおいて、長期にわたる出荷停止は避けられない。

　本節の分析から、東海第2原発の再稼働をめぐっては、茨城県のみならず、千葉県、埼玉県、東京都、栃木県、福島県、宮城県など関東、東北各県の漁業者や自治体の意向を聞き、その同意を得ることが不可欠であろう。

※20　注14と同じ。

166　　第5章　三陸から常磐沿岸の原発

第6章　環境汚染が影響する自治体・住民はすべて当事者

日本における原発は、復水器冷却水として海水を用いる関係から、すべて海岸沿いに立地している。結果として、すぐ目の前に豊かな海が展開することになる。それに例外がないことを第1章で示した。福島事態で放射能が流入した海は、世界三大漁場という世界的にも特別の意味を持つ海であったが、日本列島の沿岸域は、どこをとっても、それと比べて見劣りすることはほとんどないのである。

1　宇宙が作る海の豊かさ

　日本近海の海洋生物の総出現種数は、バクテリアから哺乳類まであわせると3万3629種である[1]。貝やイカ、タコなどの軟体動物が最も多く8658種、次いで節足動物が6393種である。日本近海の容積は全海洋の0.9％にすぎないにもかかわらず、全海洋生物種数約23万種の14.6％[2]が出現しているのである。そして、その生物多様性を背景として、日本は、他の水産国と比べても非常に多種多様な魚種にわたり、世界の年間漁業生産量の2割を占める約2000万トンを漁獲している。

　この海洋生物多様性の高さは、地形、水深帯、水温、海流、気候区分など環境の多様性に起因する。本書では、全国の原発で過酷事故が起きたとき、海にいかなる影響をもたらすことになるのかを見てきたが、ここで改めて巻頭（カラーグラビア）の日本列島を取り囲む海の表面水温の分布と、原発の立地地点を合わせた図1-2を見てみよう。ここには、多様な水塊の入り乱れた構図とそれを産み出す海流系の存在が浮き彫りになっている。

　日本列島は、世界最大の大洋である太平洋の大陸に沿った北西部に位置する。ここでは、世界最大の海流系である北太平洋亜熱帯循環流の北西部を構成する日本海流（黒潮）が常に南西から北東に向けて流れている。対馬海峡という狭い海峡で東シナ海とつながった日本海が存在することで、黒潮は、奄美大島の西方で二手に分かれる。主流はそのまま九州、四国、本州の太平洋岸を流れるが、一部は対馬暖流となって日本海に入り、青森や北海道の西岸まで達している。対馬暖流は黒潮の一部であり、元はと言

---

[1]　藤倉ら（2010）:「日本近海の海洋生物多様性」、『プロスワン』。
[2]　その後、全海洋生物種数の13.5％に下方修正された。

えば黒潮そのものと言ってもいい。黒潮や対馬暖流は、高緯度まで温暖な海を産み出し、南方から多くの生物を運び、海洋生物の産卵場、餌場、幼稚仔魚の育成の場ともなっている。

一方、その北側にある亜寒帯循環流の一部としての千島海流、即ち親潮が、寒流として千島列島の太平洋側を南下してくる。アラスカ、ロシア等から多数の河川の流入がある親潮は、栄養塩に富み、日射量が増加する春季には植物プランクトンが大増殖する。黒潮と親潮は、地形にしたがって三陸から常磐沖で合い接することになる。そこに形成される潮境（潮目）では黒潮に乗って北上した魚が親潮域の豊富なプランクトンや魚を食べに集まる。房総半島から下北半島沖までの海域は、多くの魚が集まり世界三大漁場の一つとされる好漁場となるのである。いわば、親潮と黒潮による「魚の回廊」が形成されている。

一方、黒潮の一部が分岐した対馬暖流は、日本海において表層約200mの厚さで北東へと流れ、その下側には低水温で溶存酸素が相対的に多い「日本海固有水」と呼ばれる水塊が存在する。そこにロシア沿岸を南西に流れるリマン寒流が日本海に入ってくることで、対馬暖流系の水塊との間で北緯40度線をほぼ東西に走る前線帯が形成される。この結果、本州に面する形で三陸沖のような暖流と寒流がせめぎ合う構造ではないが、日本海を南北に二分する東西に長い潮境が常に存在することになり、太平洋側に類似した暖流と寒流が接しあう構図がみられる。

これらの海流はどれも、規模の大小はともかく、地球という星が受けとる太陽エネルギーの不均一をならそうとする力と地球自転との相互作用でできる海流系の一つ、ないし一部である。レイチェル・カーソンが、1951年、『われらをめぐる海』※3で、黒潮やメキシコ湾流は、地球という星に固有な海流として〈惑星海流〉と表現するのが最もふさわしいと評したものである。暖流・黒潮と栄養豊富な寒流・親潮がぶつかり合い、大規模な潮境を形成し、プランクトンや小魚が多い。その豊富な餌を求め暖流、寒流の魚群が集まる。まさに〈惑星海流〉が産み出す恵みの場である。

日本海における漁獲は海底地形によっても影響を受ける。日本海に面する北海道、東北及び山陰地方の沿岸には、底魚の生息に適した水深200m

※3　レイチェル・カーソン（1951）:『われらをめぐる海』、ハヤカワ文庫NF。

程度の陸棚が発達し、カレイ類、カニ類等の好漁場となっている。また、日本海中央部には、台状状の浅海である大和堆、武蔵堆があり、これらの堆にぶつかった海流が引き起こす湧昇流により深海の栄養塩が豊富に供給されることで、植物・動物プランクトンが増殖し、日本海の基礎生産力を支えている。

　基礎生産力の指標であるクロロフィル（葉緑素）濃度は、日本周辺水域では季節ごとに変化する。親潮海域では春季に植物プランクトンが大増殖し、東シナ海の大陸棚部分は、豊富に流入する陸水の影響で年間を通じてクロロフィルが高い。東シナ海の沿岸沿い、特に黄河や長江の河口域は、浅海が広がり、陸域から豊富に栄養塩が供給され、年間を通じて基礎生産力が高く、多様な生物の産卵、生育の場となっている。そこで成育したマアジ、サバ類、ブリ、スルメイカ、サワラなど多くの種が、黒潮や対馬暖流に乗って、日本海や太平洋へと移動してくる。これらの回遊魚は、国境などお構いなく渡り歩いて、その生活史を形成しているのである。日本が回遊魚の恩恵を受けているということは、中国の長江や黄河により供給される栄養塩が東シナ海で植物プランクトンを育み、それを餌とする多くの水産生物を育み、海流が日本列島の方向に運んでいるおかげなのである。

　海の生物は、このような海流、潮境、栄養塩の供給などの構図を利用して、それぞれの生活史を形成し、人類が生まれてくるはるか前から連綿とした営みを続けている。おそらくは太平洋の地形ができて以来、少なくとも5000万年以上とかにわたり生命をつないできたに違いない。イワシ、アジ、サバ、サンマなどの回遊魚は、黒潮や対馬暖流といった表層の海流により移動しつつ、親潮域で摂餌、成長した後、また産卵のために南へ下るという南北回遊の雄大な生活史をくり返している。マグロやカツオ、サケなどは、更に大きな時空間スケールで回遊している。マグロは、世界規模で回遊しつつ、日本列島周辺では黒潮や対馬暖流に乗って移動している（図資1-10）。サケは、北海道や東北地方の河川から海に泳ぎ出たあと、ベーリング海や北太平洋の北東部にまで回遊し、数年後に元いた日本の河川に戻ってくる（図資3-8）。驚くべき認識能力である。一方、海流に乗って、大きく回遊するのとは異なり、基本的に海底付近を生息の場とし、空間的には大きな移動をしない底魚もいる。底魚の多くは、産卵はやや浅瀬、と

りわけ藻場があるような浅瀬で行い、成長するにつれ、やや深みへと移動することをくり返している。カレイ、マダイ、ニギス、スケトウダラ、マダラ、ハタハタなどは、これに属する。ズワイガニ、ベニズワイガニ、ホッコクアカエビなどの甲殻類も、一定の深さの海底に生息している。

2　個々の原発事故による海・川・湖への影響

　このような地球が創る豊かな海に面して福島第1原発を含めて17カ所のサイトに原発がひしめいているのである。巻頭の図1-2でわかるように、原発の立地点は、東シナ海に面する川内、玄海原発、内海において唯一瀬戸内海にある伊方原発を除けば、太平洋側と日本海側に二分されている。

　本書では、どこかの原発で過酷事故が起きた時、海や川・湖に対していかなる影響をもたらすのかを、福島第1原発事故を念頭に置きながら推測してきた。以下、いくつかに分けて整理する。

1　川内原発

　日本列島周辺の海の営みに対応して、どこに原発が立地しているかは、海への影響の大小を決める上で、大きな要素である。原発が、海流や風の上流側にあるか下流側にあるかが、影響の大小を左右する。海流の上流に原発があれば、事故が起きた場合には海流がはるか離れたところまで相当な高濃度のまま放射能を運んでしまう。その意味で、日本においては、南西の端にあるほど影響が大きいことになる。

　影響が大きい第1の立地点は、日本列島周辺の海流に対して、最も上流に位置する川内原発である。おまけに川内原発は、唯一、黒潮と対馬暖流の両方に放射能を流入させうる場所にある。川内原発で事故があれば、1カ月もたたないうちに、太平洋、日本海の両方の沿岸に放射能が運ばれていく（第3章1節）。原発の前面にある甑海峡には甑南下流として知られる南向きの流れがあり、これに乗って多くの物質は大隅海峡にいたり、そこから東を流れている黒潮に乗ることは必至である（図3-1-3）。一旦、黒潮に乗れば、房総半島まで到達するのに1カ月もかからない。土佐湾のカツオ、遠州灘のシラス、駿河湾のサクラエビなどの名だたる漁をはじめと

171

して、多くの魚種が汚染されることは避けられない。

　他方で東シナ海沖の対馬暖流に乗れば、同じくらいの時間で今度は対馬海峡を経て日本海に入り、島根県、鳥取県、兵庫県、京都府までにも到達する。九州西岸から日本海の広い範囲で、回遊魚をはじめ、底魚にも汚染は及ぶはずである。たった一つの原発事故が、太平洋と日本海の双方の海を汚染するのである。さらに広瀬らのシュミレーション※4によれば、その一部は、韓国の東海岸にまで到達するとされ、放射能汚染の国際問題を引き起こす可能性もある（図3-1-4）。鹿児島県のみならず、多くの県にまたがって自治体や漁業者の生活を脅かすことは必至である。海流を考慮すると、最悪の場所に立地していることになる。

2　太平洋側の原発

　太平洋側には、海の特徴として房総半島、特に銚子を境にして大きく2つの構造がある。鹿児島県から房総半島までは、沖合を黒潮が東北東に向かって流れている。沿岸付近では浜岡原発の例にみられるように、黒潮と相反する流れが存在するにしても、基本的には黒潮に乗れば、放射能は相当短期間に東へと運ばれる。川内、伊方、浜岡原発での事故は、この構造の中で物質が運ばれることになる。

　伊方原発の事故の場合、瀬戸内海の内部における拡散が主要であるにしても、大気に放出された放射能の相当部分が宇和海や豊後水道に降下するので、その一部が、沖合の黒潮に到ることは必ず発生する。浜岡では、原発の面する沿岸には東向きの沿岸流があり（図3-3-3、カラーグラビア）、駿河湾や相模湾、更には東京湾へと放射能が輸送されるはずである（第3章3節）。全国1位（2013年）の生産額がある遠州灘、駿河湾におけるシラス（カタクチイワシやイワシの稚魚）漁が汚染で台無しにされる。これは、それを食べるタイ、アジ、サバなどの汚染につながり、3カ月以上がたつ頃からはヒラメ、メバルなど底層性魚も長期にわたる汚染を覚悟せねばならない。駿河湾には、そこだけにしか見られないサクラエビ漁もある。

　一方、房総半島の銚子沖から下北半島に至る領域は、福島事故で示され

※4　広瀬直毅（2011）：「川内原子力発電所付近を起源とする海水輸送シミュレーション」、日本海洋学会秋季大会。

たように黒潮と親潮がせめぎ合う潮境域であり、全体としては世界三大漁場の1つに数えられる優れた漁場となっている。異なる海流や水塊が接している移行領域では栄養塩類に富んだ冷たい海水が暖かい表層水と混ざって植物プランクトンの生産が促され、食物連鎖上位の生物も多く集まる。三陸から常磐の海は、まさにそうした海域である。

巻頭の図5-3-3の衛星画像による東北海区の海面水温分布には、南からの黒潮と北からの親潮が接し、しのぎ合う複雑な構造が見え、それは季節により大きく変化する様子がわかる。さらに金華山沖を境に北と南ではかなり異なった構図が浮かび上がる。一番大きな違いは、金華山より北側では沿岸沿いに津軽暖流という第3の勢力が存在しており、複雑さが増していることである。

同図の春と夏を比較すると分かるように南からの黒潮と北からの親潮のバランスで潮境が移動するため、季節や年による変動が大きい。春の4月では、親潮が沿岸に沿って南下し、黒潮との潮境は銚子沖付近にある。2011年3月の東日本大震災の時は、潮境が銚子沖にあり、福島沖には親潮が張り出しており、福島沖は南流が支配的であった。そういう時に福島第2や東海第2原発で事故があれば、3.11同様に原発から南側を中心に汚染水は移動、拡散することになる。一方、夏の7月下旬は、黒潮が北に張り出し、金華山からさらに北側まで高水温域が分布している。この時、福島や東海村沖では北向きの流れが支配的である。従って、この時期に東海第2や福島第2原発で事故が起きれば、どちらも汚染は原発より北側を中心に広がっていくはずである。

これらの事故の場合、既に福島第1原発事故による水産生物の汚染に関するデータがあるので、基本的には同様の現象が発生すると考えられる。福島第1原発事故発生以前の2001～2010年の福島県における平均漁獲量では、多い順にカツオ約9400トン、イカナゴ約7300トン、サンマ約5800トン、カタクチイワシ類約5100トン、サバ類約4200トン、ヤナギダコ約2000トン、マダラ約1300トンである。その他、相馬、双葉地方などの沿岸では、カレイ、ヒラメ、アイナメなども盛んに漁獲されている。東海の場合も、茨城県の生産量上位の種は、多い順に概数でサバ類7万9000トン（全国1位）、マイワシ4万1000トン（全国1位）、スルメイ

カ7400トン（全国6位）、マアジ4200トン（全国6位）、ブリ類3400トン、シラス2600トン、サンマ2500トン、カタクチイワシ2300トンと、まさに典型的な黒潮系の回遊魚ばかりである。現在、福島県沖がそうであるように、上記の多くの種で操業自粛や出荷停止が続き、基本的に漁業ができない事態が継続するであろう。

　仮に福島第1原発事故が夏場に起きていれば、福島沖の北向きの流れにより、放射能の大半は宮城県方面に輸送され、金華山沖の暖水塊に閉じ込められたりして、三陸沖のいわば世界三大漁場の本体を汚染していた可能性がある。

　一方、金華山から下北半島までのいわゆる三陸沖海域には、三陸沿岸を南下する津軽暖流水がある。津軽暖流水は、対馬暖流（第1章や第4章）の末裔の1つであり、いわば黒潮の一部が日本海を経由して、北緯40度付近で津軽海峡に入り太平洋に割り込んできている海流である。津軽海峡から太平洋に出た津軽暖流は、基本的に三陸海岸沿いを南へ向かい、女川原発がある牡鹿半島付近まで到達している。時には、金華山を超えて、小名浜（福島県いわき市）沖辺りまで到達していることもある（図5-2-4）。この海域は、津軽暖流水に加えて、親潮系水、さらに黒潮系の暖水塊などが複雑に入り組み、前線帯を形成しており、その分布や流路パターンは顕著な季節変動を示している。とはいえ女川原発で事故があれば、多くの場合、南流が支配的で全体としては、南への拡がりが大きいと考えられる（第5章2節）。宮城県の漁獲量は高い順にサンマ、カツオ、マグロ類、サバ類、サメ類、イカ類、イワシ類、タラ類、イカナゴとなっている。黒潮と親潮が絡んだ回遊魚であるサンマ、カツオ、マグロ類、イワシ類、サバ類、イカ類などの回遊魚が多い。また漁獲量が全国第1位のホヤ、ギンザケをはじめ、カキ、ワカメ、アワビなど、ごく沿岸域で盛んな養殖への影響も必至である。東通原発や六ヶ所再処理工場からの汚染水も、津軽暖流によって三陸海岸沿いを南下し金華山あたりまで到達するであろう（第5章1節）。青森県では、ともに北海道に次いで全国第2位の生産量であるイカ類、ホタテガイ（主に養殖）、さらにはサバ類、タラ類、イワシ類、カツオ類、マグロ類など回遊魚の漁獲も多いので、それらが軒並み汚染を受け、世界三大漁場の本体を汚染することは避けられない。

174　　第6章　環境汚染の影響が及ぶ自治体・住民はすべて当事者

3 日本海側の原発

　日本海側の玄海、島根、高浜、大飯、美浜、敦賀、志賀、柏崎、更に泊原発では、対馬暖流の存在が常に中心的役割を果たすことになる。対馬暖流を、黒潮の一部が日本列島特有の地形によって分断された結果としての流れと捉えれば、日本海における漁業も世界三大漁場の一部と捉えられないこともない。日本海の北西部からは、大陸の沿岸に沿って南下するリマン寒流がある。また大和堆や武蔵堆のような浅瀬の存在によって発生する湧昇流が、好漁場を形成する要因ともなっている。

　例えば上流側に位置する玄海原発で大事故になれば、原発を起点として壱岐水道の東西を汚染する。さらに1〜2週間程度の時間を経て、沖合の対馬暖流域に入った時には、今度は、日本海に向けて一気に輸送される。仮に1ノット（毎秒50cm）の流れに乗るとしても、1日に44km、2週間で620km、1カ月で1300kmも輸送される。蛇行などを考慮したとしても、優に青森県沖まで到達する。ひとたび対馬暖流に乗れば、鉛直方向の混合に伴う希釈はあるにせよ、さほど薄まることなく高濃度のまま日本海の岸沿いを北東へ移動する。福岡、山口、島根、鳥取、兵庫、京都、福井、石川、富山、新潟、山形、秋田、そして青森県沖までの一帯を汚染することになりかねない。これは、北東に向けて1000kmを超えて影響範囲が出現することを意味する。福島第1原発事故とは全く異なる広がり方である。

　島根沖の上層では対馬暖流の影響が強く、季節や年による変動は有るにせよ、表層では東向きの流れが支配的である。また鉛直方向には、水深200mまで広大な大陸棚が広がり、その沖は急激に深くなり、日本海固有水と呼ばれる水温0〜1℃の冷水域がある。こうした海流や地形に対応して、日本海側の沿岸では、どこも以下のような3つほどに類型化される多様な水産生物が漁獲されており、豊かな水産業が営まれている。

1) 対馬暖流系の回遊魚―マイワシ、マアジ、マサバ、クロマグロ、ブリ、スルメイカなど。
2) 定住型の底魚―マダイ、ムシガレイ、アンコウ、ケンサキイカなど。
3) 日本海固有水に関わる寒流系の生物―ズワイガニ、ベニズワイガニ、ホッコクアカエビ（甘エビ）。さらにマダラ、スケトウダラ、ホッケ

など寒流系の魚は北に行くほどに数は多く漁獲されている。

　福井のズワイガニ、秋田のハタハタ、大間のマグロなど名高い漁業は、皆同じ構図の中で育まれているものである。川内、玄海原発から始まって、島根原発、若狭湾の４原発、志賀原発、柏崎原発、泊原発のどこで事故が起きても、多かれ少なかれ同じような問題が生じることになる。また、日本海は、韓国、北朝鮮、ロシア、日本の４カ国が関わり合う国際的な環境である。従って、日本のどこかの原発で大事故があれば、これは、韓国、北朝鮮、ロシアへの越境汚染という大きな国際問題にもなりうる。逆に韓国の原発が事故を起こしたとしても、全く同じように日本海全体の汚染に関わることは言うまでもない。どこの国がどうということではなく、海は一つであり、つながっているのである。

4　内海にある伊方原発と米原子力空母

　特異的なのが、閉鎖性が強い内海に立地ないし、存在する伊方原発と横須賀配備の原子力空母である。

　まず伊方原発のある瀬戸内海は、福島沖と異なり閉鎖性海域であり、潮汐に伴って発生する潮流が卓越している。これは往復流であり、福島のように一方向に流れるのとは事情が異なる。伊方海域では、上げ潮により東に向かうが、６時間を経て流れがとまり、今度は逆に下げ潮により西に向かう。こうして行ったり来たりを繰り返しながら、少しずつ残余の流れ（潮汐残差流）によって、水そのものが移動していく。従って、一方向に流れていた福島と比べ、伊方では海水の移動は緩慢で、高濃度汚染の状態はより長く継続する可能性が高い（第３章４節）。

　仮に伊方原発の事故で放射能が流出したとすると、福島と同様、まずイカナゴやシラス（カタクチイワシ）が汚染される。伊方の近くには中島など砂堆がある海域が多く、イカナゴが産卵し、夏眠をする生息地となっている。伊方原発の面する伊予灘はカタクチイワシの産卵場としてもっとも重要な海域である。イカナゴやカタクチイワシの汚染は、それを食べるタイ、サワラといった高級魚の汚染につながる。瀬戸内海で激減している小さなクジラ、スナメリクジラも中島周辺から周防灘一帯で、現在も一定の生息が確認されている。しかし、餌であるイカナゴが汚染されれば、スナ

176　第６章　環境汚染の影響が及ぶ自治体・住民はすべて当事者

メリクジラも大きな打撃を受ける。さらに福島事故での広域にわたる汚染から推測すると、スズキ、クロダイ、ヒラメなどを中心に瀬戸内海の全域規模でも出荷停止が継続するかもしれない。

瀬戸内海は、昔から豊穣の海と呼ばれ、生物相の豊かな海で、地中海などと比べても単位面積当たりの漁獲量は1桁大きい。世界最高レベルの生産性を有し、多様な生物が人々に恵みを与えている。この豊かさは、潮流と地形の相互作用による瀬戸部における渦の形成により、海水の鉛直混合が促進されることで、栄養が何度も利用され、利用効率が高いことに由来する。地球外の星、主に月と太陽の引力の変化によって引き起こされている潮汐によって発生する潮流が、瀬戸内海の豊かさを生みだしているとすれば、月や太陽などの星が、瀬戸内海の豊かさを生み出していることになる。伊方原発で事故が起きれば、まさに宇宙が作る豊かさ、豊穣の海・瀬戸内海を台無しにすることになる。後からやってきた人類という種が、罪深いことをくり返すということである。

福島事態の後、日本列島の周辺において、唯一稼動していたのは、米原子力空母「ジョージ・ワシントン」（以下、GW）の2基の原子炉だけである。にもかかわらず、不思議なことに、これは完全に治外法権で、放置されている。同空母には、福島第1原発1号炉にほぼ匹敵する熱出力60万kwの原子炉2基が搭載されている。この原子炉は、1年の約3分の2は横須賀港にある。5km圏内にいる人口は、およそ20万人にもなり、日本の原発と比べても圧倒的に多い人々が居住している。この原子炉が炉心溶融の事故を起こした時、大気に放出される放射能により、とてつもない被害が起きる。

放射能が直撃する東京湾は、瀬戸内海と同じで、往復流である潮流が卓越する。横須賀港の位置は比較的、外海に近いことから多くが東京湾外に出る面もあるが、放射能汚染が奥部側に広がった折には東京湾内に停滞することになる。また、第3章5節で延べたが、原子力空母は、平常時において、日本のEEZ内の海で、放射性の液体及び気体を放出していることが、空母ジョージ・ワシントンの2011年4月の航海日誌の分析から明らかとなっていることも、見逃せない重大問題である（図3-5-5）。

5　川・湖の汚染

　日本の河川は短く、河川勾配も大きいため、河川水の汚染は比較的早期に不鮮明になるが、福島事態においては福島県をはじめ、岩手県から東京都までの1都8県の広範囲で河川・湖が汚染された。底質汚染は、福島県浜通り地方の原発から北側の中小河川が最も高いが、北は北上川水系から南は江戸川まで河川底質は500〜1000ベクレル程度に汚染されている。生物でも新田川のヤマメ1kg当たり1万8700ベクレルを筆頭に、ヤマメ、イワナ、ウグイ、アユ、ワカサギなどで基準値を超えるものが広範囲に出現しており、原発事故が起きれば同様の事態が出現することは必至である。

　湖の汚染は、福島事故による経験から見ても、特に水深が深い、出入り口が狭いなどの要素が重なって長期にわたることが予想される。最も懸念されるのは、若狭湾に面する原発での事故が必然的に関西圏の水がめである琵琶湖の汚染をもたらすことである。現在、琵琶湖に生息する魚介類は110種、そのうち44種は琵琶湖固有種ということで、長年月をかけて多くの固有種を含む多様な魚介類が育まれ、アユ、ニゴロブナ、ホンモロコ、ビワマスなどの魚類、スジエビなどのエビ類、セタシジミなどの貝類が漁獲されている。大気経由での降下物が琵琶湖に入ったとすると、海とは異なり、湖水の交換能力が小さい広大な閉鎖性水域であることから、汚染の長期化は必至である。

　島根原発にほど近い宍道湖と中の海でも、出入り口が細く狭いため、海水交換が極めて悪いという地形的特性を持つことで、汚染の深刻化が懸念される。大気から降下した放射能により、宍道湖ではヤマトシジミはじめ漁業生物は大打撃を受ける。中の海は、日本海からの海水が下層から浸入し、スズキ、ヒラメ、カレイなども生息しているが、これら魚類の高濃度汚染の長期化が懸念される。

3　改めて福島第1原発事故から考える

　ところで、原子力規制委員会による原発事故シュミレーション[※5]は、

[※5]　原子力規制庁（2012）:「放射性物質の拡散シミュレーションの試算結果（総点

福島第1原発についても拡散シュミレーションを行っている。福島第1
原発の場合を図6-1に示す。北北西（NNW）へ18.7km、東南東（ESE）
16.4km、南東（SE）、及び東（E）へ各16.3kmの順に遠方まで影響を及ぼ
す方位となる。頻度が高い風向は東南東13%、南東12%、東11%などを
合わせると63%が太平洋に向いている。これに対し、北北西7%、北（N）
6%、北西（NW）5%などで35%が陸側に向かっている（図6-2）。この図
からは、海陸風の向きが、北北西から南南東に有るように見える。2011
年の福島事態で強制避難地域になった浪江町、飯舘村の方位は北西で、や
や西にずれているが、大方当たっている。

　しかし、この拡散シュミレーション図から、実際に起きた沈着量の分布
パターン※6（グラビア・カラー図。図2-1）を想像することができるであろう
か。例えば、具体的に以下のようなことは想像できるのであろうか。

(1) 強制避難地域に次いで濃度の高い放射能雲が、福島県中通りを南下
　　し、山脈沿いに栃木県北部、群馬県北部・西部、埼玉県西部、更に
　　は東京都の最高地点付近にまで拡散し、陸地に沈着している。

(2) 茨城県、千葉県、埼玉県境の台地上にホットスポット的に高濃度地
　　帯ができている。

(3) 岩手県から千葉県までの1都8県に及んで、岩手県砂鉄川のイワナ、
　　宮城県三迫川などのイワナ、阿武隈川のウグイ・アユ、白石川のヤ
　　マメ、群馬県吾妻川のヤマメ、イワナ、埼玉県江戸川のウナギなど
　　事故から丸5年がたつ現在も基準値を超える淡水魚の出現が続いて
　　いる。

(4) 中禅寺湖（栃木県）のニジマス、ブラウントラウト、赤城大沼（群
　　馬県）のヤマメ、イワナ、ウグイ、コイ、霞ヶ浦（茨城県）のアメ
　　リカナマズ、ウナギ、手賀沼（千葉県）のギンブナ、コイなど、一
　　定の水深があり水の交換が悪い湖沼では、淡水漁業に関わる魚類で
　　1kg当たり100ベクレルの基準値を超えるものが出続けている。

(5) 中層性魚で雑食性のスズキ、クロダイは、基準値を超えるものが

────────────────────
検版）」。
※6　湯浅一郎（2014）：『海・川・湖の放射能汚染』、緑風出版。裏表紙カラー図（図
　　2-1）。

179

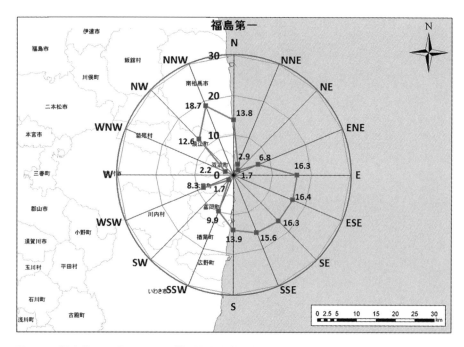

図6-1 福島第1原発における「放射性物質の拡散シュミレーション結果」(注5、49頁)

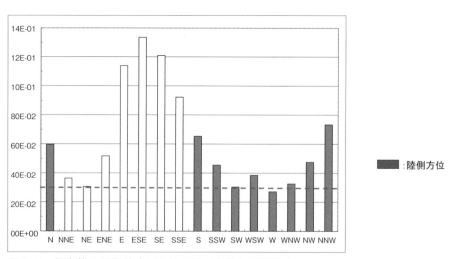

図6-2 福島第1原発地点における風下方位の出現確率 (注5、50頁)

広域的に存在する。特にスズキは、金華山から銚子までの南北約350kmという広大な領域にわたり基準値を超えている。この結果、福島県だけでなく、宮城県から茨城県まででも、スズキ、クロダイなど特定の魚種については出荷制限が続いてきた。

(6) 海水からの高濃度の検出は無くなったとはいえ、海底土の高濃度は続き、特に福島から100km以上離れた茨城県東海村沖などに、高い領域ができた。

　上記のようなことは、図6-1からは、ほとんど想像できない。福島事態において、原発からははるかに離れ、日ごろ、関心の対象外にあった福島原発での事態により、まさか自分の地域で大被害が起きようとは思っていなかったという人々が多数、現れたのである。第3〜5章で個々の原発につき、推測したことは、規制委員会の拡散シュミレーションを念頭に、各地域での風や海流を考慮に入れて検討したものである。しかし、福島事態の経験に照らすと実際に事故が起きれば、原子力規制委員会の「拡散シュミレーション」結果は、現実のほんの一部分を推測しているだけになる可能性が高い。実際は、予想もできない、かけ離れた地域での影響をもたらすこととなり、本書での推測は極めて保守的な被害想定であることを頭に置かねばならない。

4　30km目安の防災計画では被害を過小評価

　たった一つの工場の事故で放射能汚染が幾重もの生活権、人権侵害を起こし、社会全体を混迷させるであろうことは、福島事故から容易に想像できる。そうした中で、事故が起きたときのことを前提にして、従来10km程度であったものを30kmに広げて地域防災計画を立てたとしても、それにどれほどの意味があるのであろうか。そもそも原子力規制委員会が、「強制立ち退きを強いる」避難地域策定の参考資料を提供し、地方自治体に防災計画の策定を義務づけるというシステム自体が不当である。この制度は、避難を強いられる人々の生存権と人権を余りにも軽視している。避難計画の策定は、今、そこで生きている人々の生活権を否定することであり、彼らは、計画の策定そのものを認めないと主張する権利を有してい

る。ましてや、防災計画が立てられていることを条件に再稼働するとしたら、この国では、市民の生活と生存権よりも、経済の拡大を優先させるという本末転倒が、まかり通ることになる。仮に再稼働を検討するにしても、その条件は、もっと厳しいものでなければならない。

　更にここまでの検討で明らかなように30kmを目安とした防災計画を策定するだけの原子力災害対策は、原発の過酷事故による被害をあまりにも過小評価している。大飯原発運転差し止め訴訟の福井地裁判決にあるように、「原子力委員会委員長が福島第1原発から250km圏内に居住する住民に避難を勧告する可能性を検討したのであって、チェルノブイリ事故の場合の避難区域も同様の規模に及んでいる」のである。本書で述べた海の汚染という観点からも、例えば川内原発で大事故があれば、九州西岸だけでなく、東は房総半島までの黒潮の影響を受ける太平洋岸一体、北は対馬暖流が流れる日本海側の少なくとも若狭湾あたりまでの漁業は、より広い範囲で壊滅的な被害を受ける可能性がある。しかも本章3節で述べたように、福島事態の経験から言えることは、本書でとりあえず依拠した規制委員会による拡散シュミレーション結果の想定をはるかに超えることを覚悟せねばならないのである。これは、生物が生存していくために最も基礎的な、何にもまして尊重されねばならない海の生物にとって生きる基盤の喪失を意味する。生物多様性基本法の精神から言えば、あってはならないことである。

　本書の分析から、例えば川内原発の再稼働をめぐっては、鹿児島県のみならず、熊本県、長崎県、宮崎県などの九州各県、更には高知県、和歌山県、三重県、愛知県、静岡県、神奈川県、千葉県、更に島根県、鳥取県、兵庫県、及び京都府の漁業者や自治体の意向を聞き、その同意を得ることが不可欠であるという結論が出てくる。全国の16サイトすべてにわたり同様の幅広い自治体や漁業者の同意を得て初めて前に進めるか否かを判断すべき類いの問題である。しかるに川内、高浜, 伊方原発の再稼働を巡る手続きにおいて、これらの問題は全く無視されてきている。

　福島事態を踏まえ、改めて当事者とは何かが問われている。生存の基盤たる環境汚染の影響が及ぶ範囲の住民はすべて当事者であるとの原則を明確にさせることが急務である。

あとがき

　日本列島の近海は、俯瞰的に見ると北太平洋の亜熱帯循環流の一部である黒潮と千島海流（親潮）やリマン海流がぶつかり合うところにできる好漁場であることに変わりはない。それを承知で、日本列島の沿岸に原発17サイトと１つの再処理工場を林立させてきた愚かさが浮かびあがっている。太陽と地球、そして月が折りなす恵みの場としての豊かな漁場で周囲を囲まれた日本列島では原発立地にふさわしい場所はどこにも存在しない。世界三大漁場を汚染してしまった福島の経験を踏まえれば、日本列島にこれだけの原子力施設を林立させるという発想は放棄するしかない。そうでなくとも地震や津波の大災害を受けやすい地域である。一方で海の豊かさにも恵まれている。その双方の要素を鑑みれば、日本列島に、ひとたび事故になったら取り返しのつかない原発のような工場を大規模に設置していく選択枝はないのである。

　原発輸出を推進するためには、自国の原発を停止したままでは、余りにも格好がつかない。現在の、再稼働に向けた勢いには、そうした損得勘定が働いている。しかし、損得勘定をするなら、将来に向けて長く付き合っていかねばならない、日本列島の陸と海をまだ見ぬ子孫に少しでも健全な状態で引き継ぐことこそ最も重要な要素として勘案すべきである。たった一つの工場が事故を起こしただけで、国を挙げて兆の単位で財政措置をしても、なお傷は治まることはない。更に原発は稼働しているだけでも、その地域で暮らしている市民は、いつ事故が起きるだろうかとの不安を持ちながら暮らしていかねばならない。これは実に大きな精神的負担である。この５年近く、日本列島のどの原発も稼働してなかったことで、市民が精神的にどれほど楽な気分で暮らすことができてきたか測りしれない。再稼働が進めば、再び市民は、いつ事故が起きるだろうかという不安を抱えながら、また暮らしていかねばならないのである。あえて損得勘定からだけでも再稼働はありえないと言わねばならない。

2012 年に閣議決定された生物多様性国家戦略なる国の基本戦略がある。これは、2008 年に成立した生物多様性基本法の第 4 条（国の責務）「国は、前条に定める生物の多様性の保全及び持続可能な利用についての基本原則にのっとり、生物の多様性の保全及び持続可能な利用に関する基本的かつ総合的な施策を策定し、及び実施する責務を有する」との条項に対応して作成されたもので、日本列島の世界的にも優れた生物多様性を保持し、回復させることが中長期的な基本戦略であるとしている。

　1992 年 6 月、ブラジル・リオデジャネイロにおいて開催された国連環境開発会議（地球サミット）において生物多様性の保全などを目的として生物多様性条約が作られた。同条約には、会議の開催期間に日本を含む 157 カ国が署名し、1993 年に発効した。2008 年、同条約に即して、日本も同条約を推進するためにつくられたのが生物多様性基本法である。その前文には、以下の格調高い思想が述べられている。

　「生命の誕生以来、生物は数十億年の歴史を経て様々な環境に適応して進化し、今日、地球上には、多様な生物が存在するとともに、これを取り巻く大気、水、土壌等の環境の自然的構成要素との相互作用によって多様な生態系が形成されている。

　人類は、生物の多様性のもたらす恵沢を享受することにより生存しており、生物の多様性は人類の存続の基盤となっている」。そして、「今こそ、生物の多様性を確保するための施策を包括的に推進し、生物の多様性への影響を回避し又は最小としつつ、その恵沢を将来にわたり享受できる持続可能な社会の実現に向けた新たな一歩を踏み出さなければならない」。

　2010 年に名古屋市で開催された生物多様性条約第 10 回締約国会議（COP10）において合意された愛知目標は、2020 年までに各国は、少なくとも海域の 10％を海洋保護区として保全するとしている。2016 年 4 月 22 日、環境省は、この海洋保護区設定の基礎資料となる「生物多様性の観点から重要度の高い海域」を公表した。2011 年度からの 3 年にわたり、生態学的及び生物学的観点から科学的に検討した結果、沿岸域 270 カ所、沖合表層域 20 カ所、沖合海底域 31 カ所が抽出されたという。ところが、原発立地点の中で、少なくとも泊、東通、女川、浜岡、志賀、敦賀、美浜、

大飯、高浜、島根原発が面する海は、この重要海域の中にある。また柏崎、玄海原発など重要海域にごく隣接しているものもあり、大部分が重要海域と密接な関係にあるといってよい。このようなことがわかっていて、生物多様性にとって大きな脅威となる原発の再稼働を推進しようとする政府とは何なのであろうか。

　こうしたことからも伺えるが、生物多様性の保全・回復という思想を実現させることは、極めて困難なことであろう。およそ、生物多様性の保全・回復という思想は、自然を利益を産み出す対象とみなし、それを利用しつくす資本主義、とりわけ自由貿易に基づく利潤追求の思想とは相いれない。現在の日本政府の基本思想は、まさに経済優先、自由貿易に基づく利潤追求優先である。これらと生物多様性の保全・回復は真っ向から対立しており、その両立には基本的な無理がある。そこで、政府は、生物多様性国家戦略と経済政策、防衛、外交政策などが根本的に矛盾・対立することを承知の上で、前者を置き去りにしようとしているのである。原発の再稼働、沖縄での米軍新基地建設のための辺野古埋め立てなどはその典型である。
　福島事故により環境へ放出された膨大な量の放射性物質は、生物多様性の豊庫のような福島沖の海を汚染した。これは、生物多様性基本法や生物多様性国家戦略に反する行為そのものである。この経験からは、生物多様性基本法を中心に据えれば、原発は放棄せざるを得ないという結論が見えている。これに対して政府は、これらの法は理念や基本方針に過ぎず法的拘束力はないとの言い逃れで済まそうとしているのである。

　2000年6月に成立した循環型社会形成推進基本法なる法律がある。これは、環境基本法の第4条等の基本理念にのっとり、「製品等が廃棄物等となることが抑制され」、「製品等が循環資源となった場合においては、これについて適正に循環的な利用が行われることが促進される」などによって、「天然資源の消費を抑制し、環境への負荷ができる限り低減される社会」、即ち循環型社会の形成に関する施策を推進することを目的としている。その先には、循環すると弊害を引き起こすような物質やシステムには

185

依存しない社会をつくることが視野に入っているはずである。しかるに、原発は、稼働すれば日々核分裂生成物と手に負えない廃棄物を産み出す。使用済み燃料の再処理を続ければ、必ず出てくる高レベル放射性廃棄物の処分を永遠に継続し、つけを将来に残しても構わないということになる。それを承知で、原発の再稼働や立地を推進するというのであれば、これは循環型社会形成推進基本法に反する政策である。

　14年11月、安倍政権は、「まち・ひと・しごと創生法」など地方創生関連2法を成立させた。東京圏への一極集中を是正し、地域で住みよい環境を確保し、アベノミックスの恩恵を地方に届けるためという。これ自体が相変わらずの中央集権的発想である。地域を重視するのであれば、例えば原発の再稼動などはありえない。福島事態は、都会に設置できない原発を交付金や諸々の財政出動と引き換えに地域に押し付け、自治体の財政構造を原発依存に変えていく中で発生し、故郷の剥奪をはじめとした重大な地域破壊をもたらした。この事態は、「地方創生」のためには、原発依存を一刻も早く辞めるべきことを教えている。

　そもそも「地方創生」を言うのであれば、地域の自然が与えてくれる恵みを認識し、それへの感謝の念を共有し、自治と自立を基本に据えた政策を施すべきである。例えば海の恵みについて言えば、以下のようなことになろう。日本近海は、変化に富んだ地形、暖流・寒流の形成する潮境などにより至る所に好漁場がある。それらは、地球と太陽、更には月が作る恵みの場である。それに依拠して生きていけば半ば永続的に生存は保障される。それこそが地方創生の基本である。事故がおきれば、恵みの海を台無しにするような工場に依存する選択肢はありえない。福島事態は、そのことを嫌というほど思い知らせたはずなのに、政府は、その体験をひたすら意識的に忘却し、金欲に走ることを優先させようとしている。安倍政権は一方で「地方創生」を唱えながら、他方で原発再稼動を急いでいる。どう見ても両者は相互に矛盾する。どちらかに嘘があることになる。真に「地方創生」を目指すのであれば、まずは原発再稼働を止めるべきである。

　生物多様性基本法、循環型社会形成推進基本法、地方創生2法という3

つの法律を見たが、このうち前2者は、どれも、今後、日本列島を生きる場としていくために、最も基本となり、長きにわたって守り、推進していかねばならない内容を含んでいる。理念として飾っておくだけでは、何の意味もない。これらの法律で述べている施策を具体的に定着させていくことこそが、持続的な生存にとって不可欠である。従って、政府は、あらゆる領域での施策を進めるに当たり、常に優先させ、中心に据えていかねばならない法律群である。しかるに、これらの法律は、おそらく防衛安保政策、外交政策、経済政策とは相容れない側面を本質的に有していると考えられる。政府も、そのことを自覚しているはずである。その上で、むしろ、目先の経済、防衛、外交を第一義的に優先させるため、今、見た2法案のような法律はどうでもよいということになっているのではないか。

　本来は、全く逆で、生物多様性、循環型社会、地域の自立・自治を最優先させて、社会のありようを変えていくことこそ、今、求められていることである。

　福島事態を経た今、人類は、「海を毒壺にするな」という生命の母・海からの警告に真摯に向き合い、現代文明の刹那的で脆弱な社会構造を見直すべきときである。そして生命の基盤であり、多様な生命が生きる場である海の恵みを活かす道をこそ歩まねばならない。約150年前の明治維新の年、リヒトホーフェンが、瀬戸内海の風景を絶賛しながら、その状態が長く続くことを祈るとした上で、「その最大の敵は、文明と以前知らなかった欲望の出現とである」と懸念したことを念頭に、その作業を始めねばならない。原発再稼働を巡る攻防は、その最前線の課題である。

　なお、作りだす熱量の3分の2は、トリチウムなどの放射能や次亜塩素酸ソーダといった毒物入りの、俗に言う温排水（本質的には熱廃水）として海に放出される。福島事故から4～5年、原発が停止し、熱廃水が出なかったことで、沿岸環境が本来の状態に戻ったとの報告事例（川内、高浜など）がある。これは、「原発再稼働と海」という観点から重要な課題であるが、本書では扱っていないことを付記する。

2016年4月26日

資料：主要魚種の分布・回遊と生活史

原発事故に伴う放射性物質による環境及び生物への影響を考えるにあたり、水産生物の分布や生活史とどう関係してくるかが重要な問題になる。多くの場合、生物の生活史は、海流、地形などにより、一定の空間的、時間的な広がりを持って成立しており、原発立地点ごとに扱っていくことは却って複雑になる。そこで、主要な魚種の分布・回遊と生活史につき、資料として系統的に整理した。ここでは、水産庁の事業の一環として、水産総合研究センターが都道府県の水産試験研究機関と共同で行った調査の報告書「平成26年度　我が国周辺水域の漁業資源評価」(52魚種84系群を対象に3分冊、1900頁) を主な典拠とし、同報告で扱われていないカツオ、マグロ、サケ及びイカナゴを別の資料をもとに加えた。原発との関係を念頭に37魚種を対象とし、生息域の広がり方から4つに分類し、それぞれにつき検討した。

1. 日本列島全域に関わる魚種 (19種)
2. 東シナ海から日本海に関わる魚種 (7種)
3. 太平洋・日本海北部から北海道に関わる魚種 (10種)
4. 瀬戸内海に関わる魚種 (5種)

1. 日本列島全域に関わる魚種

1) マイワシ

　ニシン目ニシン科の魚で、俗にいうイワシは本種をさす。全長25cm内外で寿命は7歳程度。体は細長く流線形で, 背面は青緑色、腹部は銀白色。海の表層を群泳する回遊魚。おもに動物プランクトンを食べ、中・大型の魚類やイカ類、海産ほ乳類、海鳥類などに捕食される。

　太平洋系群と対馬暖流系群からなる。分布・回遊、及び生活史につき太平洋系群を図資1-1aに、対馬暖流系群を図資1-1bに示す。産卵期は前年11月～6月。前者の産卵場は、日向灘から関東近海にかけての各地の黒潮内側域に形成される。近年の総漁獲量の7～9割は三重県以東、とくに房総以北海域の大中型まき網による漁獲が多い。幼稚魚は、黒潮により東へ送られた後、東経150度より東の沖合で成長し、北海道東方沖で索餌期を過ごし、秋から冬にかけて南下する。対馬系群では、九州西岸から日本海全域の沿岸域に分布し、産卵場は、九州の薩南海域から新潟県までの分

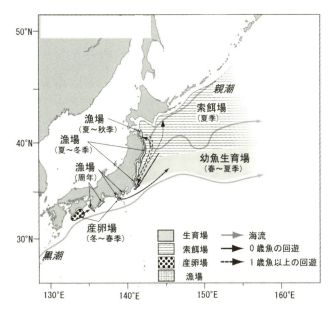

図資 1-1a　マイワシ太平洋系群の分布・回遊と生活史

図資 1-1b　マイワシ対馬暖流系群の分布・回遊と生活史

布域の岸側にあり、対馬暖流の流れに沿っている。日本のどの原発で事故が起きても重大な影響が出ると考えられる。

2）カタクチイワシ

ニシン目カタクチイワシ科。全長約 15cm。背部は暗青色、腹部は銀白色。沿岸の表層を回遊し、各地の沿岸で漁獲される。寿命は 4 歳。満 1 歳で成熟し、産卵は冬季を除くほぼ周年。動物プランクトン等を摂餌。カタクチイワシを餌とする生物は多く、仔稚魚期にはマアジ・マサバなどに、成魚は魚類の他にもクジラやイルカなど海産ほ乳類や海鳥類などにも捕食される。太平洋系群、対馬暖流系群、および瀬戸内海系群（資料 4 節 1)）からなる。マイワシと比較しほぼ周年にわたり産卵することで漁獲量の変動幅はマイワシほど大きくない。分布域は図資 1-2a, 図資 1-2b に示すように、北海道西岸を除くほとんどの沿岸域と太平洋側沖合の広い範囲に分布する。泊原発を除く日本の全原発の事故が重大な影響をもたらすと考えられる。

3）ウルメイワシ

ニシン科。マイワシより体は丸みを帯び、しりびれが小さい。本州中部以南の沿岸に回遊してくる。脂肪が少なく、干物にして美味。全長約 20cm。寿命は 2 歳前後。カイアシ類などを捕食し、大型魚類、ほ乳類、海鳥類、頭足類などに捕食される。マイワシやカタクチイワシに比べてやや暖かい海域に分布し、魚獲量の変動幅はマイワシに比べて小さい。太平洋系群と対馬暖流系群からなる。太平洋系群は沿岸性が強く（図資 1-3a)、土佐湾周辺が主な分布域と考えられ、漁獲量の大半を宮崎県〜三重県が占める。対馬暖流系群（図資 1-3b）は、九州西方から山陰の沿岸に沿って帯状に分布し、一部は夏季に日本海へ、冬季に九州西岸へ回遊する。分布域から川内から志賀原発、浜岡などの原発事故が重大な影響をもたらすと考えられる。

4）マアジ

スズキ目アジ科。体は紡錘形で全長 40cm。寿命は 5 歳前後。餌は、オ

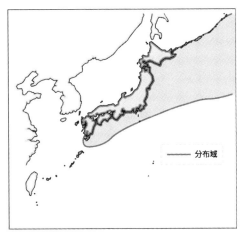 

図資 1-2a (左)　カタクチイワシ太平洋系群の分布域
図資 1-2b (右)　カタクチイワシ対馬暖流系群の分布域

図資 1-3a (左)　ウルメイワシ太平洋系群の分布域
図資 1-3b (右)　ウルメイワシ対馬暖流系群の分布域

キアミ類、アミ類、魚類仔稚等の動物プランクトン。稚幼魚は、ブリなどに捕食される。太平洋系群（図資 1-4a）と対馬暖流系群（図資 1-4b）とからなる。太平洋系群では、東シナ海を主産卵場とする群と本州中部以南で産卵する地先群とがある。対馬暖流系群は、東シナ海南部から九州、日本海沿岸域の広域に分布し、産卵もほぼ同じ海域で行われる。春夏に索餌のため北上し、秋冬に越冬・産卵のため南下する。黒潮と対馬暖流を活かして回遊する生活史があり、沿岸域に産卵場と漁場がひしめいている。分布域の広がりから泊原発を除きほとんどすべての原発の事故が関係すると考えられる。

5）マサバ

スズキ目サバ科。体は紡錘形でやや側扁する。体の背面は緑色で黒色の波状紋がある。全長平均 40cm 内外。寿命は 6 歳程度。沿岸性回遊魚で秋には豊富な脂肪をもち美味。稚魚期にはカイアシ類、夜光虫などの小型動物プランクトンを、成魚は、魚類（カタクチイワシ、ハダカイワシ類など）、甲殻類（オキアミ類、カイアシ類など）を捕食する。サメ、ビンナガ、およびカツオやミンククジラに被食される。太平洋系群（図資 1-5a）と対馬暖流系群（図資 1-5b）とからなる。前者は、太平洋南部沿岸から千島列島沖合に分布し、成魚は春季（3〜6 月）に伊豆諸島海域を中心に太平洋岸各地で産卵したのち北上し、夏〜秋季には三陸〜北海道沖へ索餌回遊する。稚魚は、春季に太平洋南岸から黒潮続流域に広く分布し、夏季には千島列島沖の親潮域に北上し、秋冬季に北海道〜三陸沖を南下し、主に房総〜常磐沖で越冬する。成魚の一部は紀伊水道や豊後水道および瀬戸内海へ回遊する。一方、対馬暖流系群は東シナ海南部から日本海北部に分布する（図資 1-5b）。春夏に索餌のために北上し、秋冬に越冬・産卵のため南下する。産卵は分布域の全域で行われる。泊原発を除きどの原発の事故も重大な影響をもたらすと考えられる。

6）ゴマサバ

スズキ目サバ科。その名のとおり体側や腹方に小黒点が散在し、マサバと区別される。全長 45cm。寿命は 6 歳程度。幼魚はイワシ類の稚仔魚や

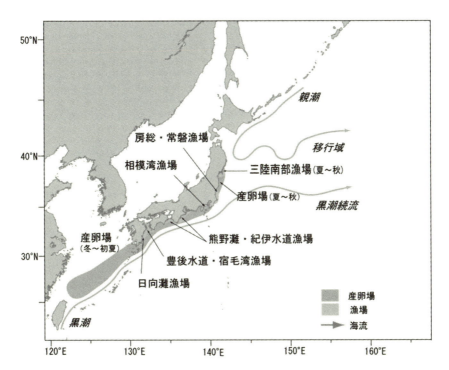

図資 1-4a　マアジ太平洋系群の分布・回遊と生活史

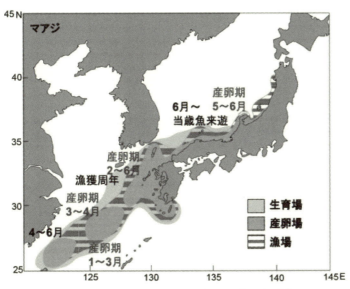

図資 1-4b　マアジ対馬暖流系群の分布・回遊と生活史

195

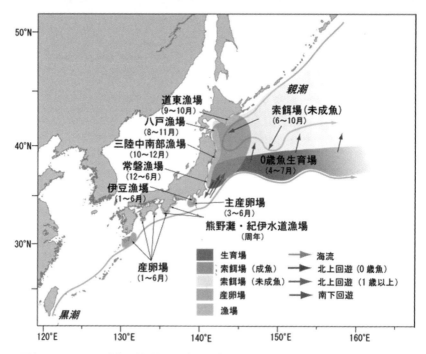

図資 1-5a　マサバ太平洋群の分布・回遊と生活史

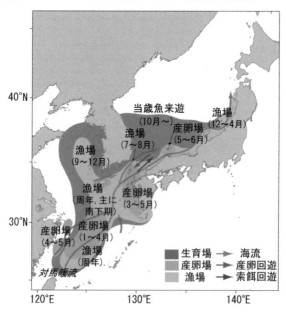

図資 1-5b　マサバ対馬暖流系群の分布・回遊と生活史

196　資料：主要魚種の分布・回遊と生活史

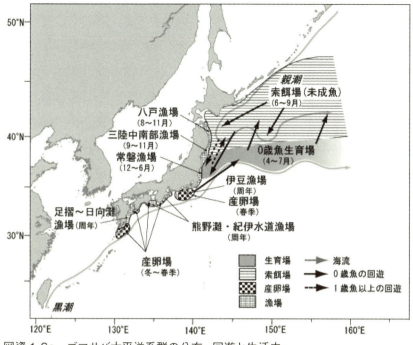

図資 1-6a　ゴマサバ太平洋系群の分布・回遊と生活史

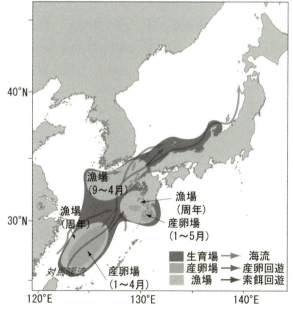

図資 1-6b　ゴマサバ東シナ海系群の分布・回遊と生活史

197

浮遊性の甲殻類などを、成魚は動物プランクトンや小型魚類を捕食する。稚幼魚はカツオなどに捕食される。太平洋系群（図資 1-6a）と東シナ海系群（図資 1-6b）からなる。東北地方以南の暖海に多く分布し，マサバより沖合域に生息・回遊することを除けば，マサバと非常によく似た生活史を有している。泊原発を除きどの原発の事故も重大な影響をもたらすと考えられる。

7) サンマ

ダツ目サンマ科。分類上はサヨリ，トビウオなどの仲間。体は細長く，下あごが上あごよりわずかに長い。秋の味覚を代表する魚の一つで，秋刀魚の字を当てる。プランクトン摂餌性で，小甲殻類や稚魚などを食べる。全長 40cm に達するものもある。寿命は 2 年。仔稚魚は、カイアシ類の幼生などを、成長とともに次第にオキアミなど大型の動物プランクトンを捕食する。サメ類・鯨類や海鳥に捕食される。北太平洋に広く生息し、その一部が日本近海へ来遊する（図資 1-7）。5 ～ 8 月に北上して夏季に黒潮・親潮移行域北部・亜寒帯水域を索餌域とする。8 月中旬以降、南下し、冬季には産卵のため黒潮前線域・亜熱帯域に達し、季節に同調した南北回遊を行う。漁場は千葉県以北の太平洋側の日本の EEZ 内がほとんどで、8 月は北海道東部沖から千島列島沖に、9 月下旬から 10 月上旬には三陸沖まで南下し、11 ～ 12 月には常磐沖から房総沖まで達する。分布域から特に太平洋側のどの原発の事故も重大な影響をもたらすと考えられる。

8) ブリ

スズキ目アジ科ブリ属。典型的な紡錘形で，背は青色，腹部は銀白色。寿命は 7 歳前後。流れ藻についた稚魚は、初期にはカイアシ類を中心とする動物プランクトンを摂食し、13cm 以上で完全な魚食性となる。流れ藻を離れた後は、マアジやカタクチイワシなどの他、底魚類も摂食する。温帯性の回遊魚で日本各地の沿岸に見られる（図資 1-8）。流れ藻につく稚魚（モジャコ）は、3 ～ 4 月に薩南海域に現われ、徐々に北上する。幼魚から成魚は、九州沿岸から北日本沿岸まで広く分布する。成魚は産卵のため、冬から春に南下回遊する。対馬暖流域では成魚は北海道沿岸や能登半島以

198　　資料：主要魚種の分布・回遊と生活史

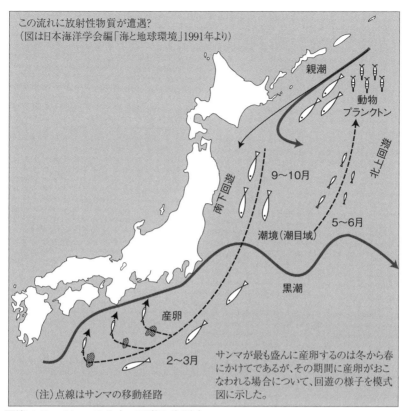

図資 1-7　サンマの分布・回遊と生活史

図資 1-8　日本周辺のブリの分布域と産卵場

西の日本海と東シナ海の間を往復回遊する。太平洋では、遠州灘〜四国南西岸、紀伊水道〜薩南、豊後水道〜薩南の回遊群などいくつかの小規模な回遊群がある。産卵期は冬から初夏（1〜7月）。産卵場は東シナ海の陸棚縁辺部を中心として九州沿岸から能登半島周辺以西、太平洋側では伊豆諸島以西にある。分布域から日本の全原発の事故が重大な影響をもたらすと考えられる。

　9）カツオ

　スズキ目サバ科に属する。マグロ類と近縁で、欧米ではマグロの仲間として扱われる。体形は高速遊泳に適した紡錘形で、胸びれが短く、浮き袋をもたない。マグロに比べ魚体は小形である。孵化後1年で体長約45cm、2年で約60cm近くに成長する。仔稚魚期の減耗は大きく、20cm以下の幼魚はマグロ類やカジキ類の重要な餌となる。世界共通種で、各大洋の熱帯から温帯域にかけて広く分布し、表層を回遊する。日本近海には季節的に回遊する。北上経路は、台湾から南西諸島沿い、九州・パラオ海嶺沿い、マリアナ諸島から伊豆・小笠原諸島沿い、さらに東側を北上の四パターンがある（図資1-9）。3〜4月に高知など南岸沿いに来遊し、5〜6月にかけて関東近海にも接近し初ガツオとなる。7〜8月には常磐沖の黒潮前線を越えて三陸近海に達する。秋は南下期で、11月には日本近海からほとんど姿を消す。産卵は表層で行われ、受精卵は一昼夜で孵化する。分布域から泊、伊方原発を除きどの原発の事故も重大な影響をもたらすと考えられる。

　10）マグロ（クロマグロ）

　スズキ目サバ科に属するマグロ属の総称。ギリシア語で「突進」を意味する語に由来する。魚体が大きく遊泳力に優れ、分布域や回遊範囲が非常に広く世界中の大洋に生息する。体長3m、体重400kgを超えるものもいる。常に回遊し、えらを通して呼吸する。回遊を止めると窒息死する。表・中層性の魚類やイカ類などを摂餌する。

　夏の水温上昇期には高緯度側へ、秋から冬にかけては低緯度側へと、広く回遊する（図資1-10）。クロマグロは、南西諸島や台湾付近で産卵する。

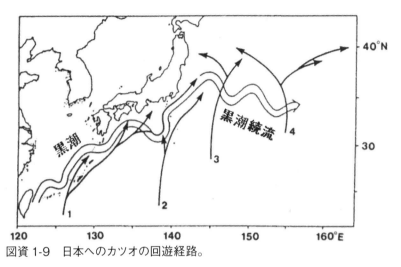

図資1-9 日本へのカツオの回遊経路。

図資1-10 日本列島でのマグロの回遊時期と経路

1尾の産卵数は100万〜1000万の単位である。卵は受精後ほぼ一昼夜で孵化する。体長数十センチの若マグロは、陸縁や島嶼の近くに分布し、また大小の群れをつくって表層を遊泳する。当歳魚（その年に生まれた子ども）は西日本周辺を回遊して東シナ海で越冬した後、黒潮と対馬暖流に分かれてイカやイワシなどを食べながら北上する。三陸沖では50センチぐらいに成長したクロマグロが5月頃から漁獲され始め、メジマグロと呼ばれる。伊方原発を除いた他の全ての原発事故が重大な影響をもたらすことになると考えられる。

11）スルメイカ

イカの一種。胴長約30cm，腕の長さ15cmほど。サハリンから台湾までの暖流域を回遊する。寿命は1年と推定され，産卵後に死亡する。主な餌は小型魚類や甲殻類。大型魚類、海産ほ乳類等に被食される。周年にわたり再生産を行う。その中でも秋季から冬季に発生した群が多く、産卵時期や分布回遊の違いから秋季発生系群と冬季発生系群に分けられる。秋季の分布と回遊を図資1-11に示す。10〜12月に北陸沿岸から対馬海峡付近および東シナ海で産卵する。一方、冬季発生系群は非常に広域的に分布し、主産卵場は東シナ海と推定され、黒潮や対馬暖流によって北方へ移送される。太平洋を北上する群れは、常磐〜北海道太平洋沿岸域に回遊する。日本海を北上する群れは、一部は宗谷海峡までも回遊する。どの原発の事故も重大な影響をもたらすことになると考えられる。

12）マダイ

スズキ目タイ科マダイ亜科に属する。体は楕円形で強く側扁し、体高の高い典型的な体形である。成魚はエビ・カニなどの甲殻類や貝類、多毛類を主な餌とする。捕食者はより大型の魚類である。沿岸や大陸棚の水深50〜200mの海底が起伏に富んだ岩盤や砂礫質の底層に生息する。春、水温が15℃以上になると産卵のため接岸する。これをサクラダイとよび美味である。北海道を除く日本の沿岸に広く分布する。漁獲の約4割は、島根県以西の日本海と鹿児島県までの九州西岸域である（図資1-12）。島根県の隠岐島周辺や鹿児島県までの島周りを中心にいくつかの産卵場が

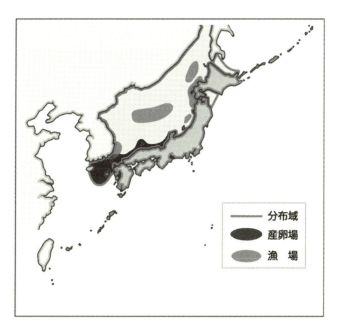

図資 1-11　スルメイカ秋季発生系群の分布域

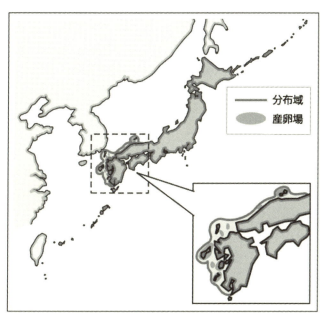

図資 1-12　九州西岸から島根にかけてのマダイの分布域

ある。1尾の雌は30万粒以上産卵する。孵化した仔魚は30～40日の浮遊期の後に底生生活に入り、幼魚は4～5月頃に沿岸一帯に広く分布する。分布域から泊を除き、どの原発の事故も重大な影響をもたらすと考えられる。

13) ヒラメ類

カレイ目ヒラメ科、ダルマガレイ科の海産魚の総称。ヒラメ類は体の左側に目のある（腹側を下にしたとき）一群で、右側に目のあるカレイ類と区別され、俗に「左ヒラメに右カレイ」という。温帯と熱帯に広く分布し、沿岸の潮だまりから水深1000mの深海底にまで生息する。体長は5cm程度の小形種から80cmにも達する種類まである。雌は20歳以上、雄は10歳以上の高齢魚がいる。着底後の稚魚は甲殻類のアミ類を主に摂餌するが、成長にともない次第に魚類、イカ類を食すようになる。日本沿岸のほぼ全域に分布する（図資1-13a、図資1-13b）。例えば東北海域では、5～9月に水深20～50mの粗砂および砂礫地帯で産卵する。孵化仔魚は約40日間の浮遊生活を送った後、変態・着底する。着底した稚魚は水深10m以浅の砂または砂泥域で過ごし、全長7～10cmになると次第に深所に移動する。当歳魚は秋～冬には水深30m以深の砂または砂泥域で過ごし、春に再び水深10～30m付近に接岸する。主な分布域は150m以浅である。分布域から泊原発を除きどの原発の事故も重大な影響をもたらすと考えられる。

14) マガレイ

カレイ目カレイ科。体は楕円形で、頭の背面はややくぼむ。全長40cmぐらい。水深100メートル以浅の砂泥底に生息し、多毛類、二枚貝、ヨコエビ類などを食べる。産卵期が旬で、煮つけにすると美味。日本周辺の沿岸域に広く分布するが、日本海系群の分布域を図資1-14に示す。日本海系群の主分布域は新潟県から青森県で、主に底引き網と刺し網によって漁獲される。産卵期は、新潟県沿岸で2～5月（盛期は3～4月）、産卵場は水深50～90m付近で、浮遊卵を産む。分布域から泊原発を除きどの原発の事故も重大な影響をもたらすと考えられる。

204　　資料：主要魚種の分布・回遊と生活史

図資 1-13a　ヒラメ太平洋北部系群の分布域　　図資 1-13b　ヒラメ日本海北部系群の分布域

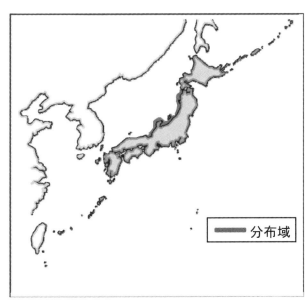

図資 1-14　マガレイ日本海系群の分布域

205

15）ムシガレイ

　カレイ目カレイ科。体は長楕円形で、口はやや大きい。目より大きい黒褐色の輪状紋と白色の小円斑が散在する。斑紋が虫食い状にみえるのでムシガレイ（虫鰈）の名がある。全長は 4 歳で 25cm 位になる。寿命は 7 歳程度。全長約 12cm までは小型甲殻類を主要な餌とし、エビ類、イカ類、小魚などを食べる。暖海性で日本近海に広く分布するが、日本海系群では対馬周辺海域に多い（図資 1-15）。幼魚は浅海に生息し、成長にともない沖合へ移動する。対馬周辺海域では 1、2 月、日本海北部では 4、5 月に水深 100m 以浅で産卵する。未成魚は水深 30 〜 80m の砂泥底にすむが、成魚になると 70 〜 160m の深みに移動する。底引網、刺網などで漁獲される。分布域などから泊原発を除きどの原発の事故も重大な影響をもたらすと考えられる。

16）ヤナギムシガレイ

　カレイ目カレイ科。体は長楕円形で、著しく扁平。最大体長は 40cm ほど。ほかのカレイ類に比べて産業的価値が高く、特に抱卵している雌を天日で干したものは「子持ちヤナギ」とよばれ最高級の干物となる。名は、体が薄くて細くヤナギの葉のようであることに由来する。小形の甲殻類、多毛類、二枚貝、ヒトデ類など海底の小動物を食べる。主に底引網で漁獲される。北海道南部以南の日本各地から東シナ海の水深 400m 以浅の砂泥域に分布する（図資 1-16）。青森県尻屋崎辺りが太平洋の北限にあたる。漁獲は茨城県や福島県が中心である。産卵期は 10 〜 7 月とされる。産卵場は水深 100m 前後の広い範囲で集団繁殖場を作らずに産卵していると考えられる。分布域から泊原発を除きどの原発の事故も重大な影響をもたらすことになると考えられる。

17）ニギス

　サケ目ニギス科。体は細長い筒形で、目が大きく、吻がとがり、脂びれをもつ。全長約 20cm。寿命は 5 歳程度。中底層性で全生活史を通じて浮遊性の小型甲殻類を主な餌とする。ヒラメ、ソウハチ、ムシガレイ、アカ

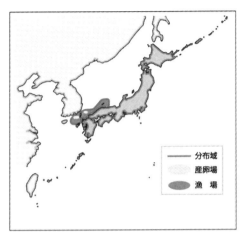

図資 1-15 (左) 　ムシガレイ日本海系群の分布域
図資 1-16 (右) 　ヤナギムシガレイ太平洋北部系群の分布域

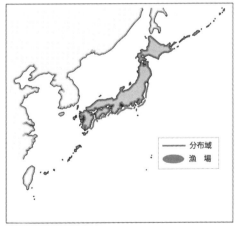

図資 1-17a (左) 　日本海におけるニギスの分布域
図資 1-17b (右) 　太平洋沿岸におけるニギスの分布域

ムツ等に捕食される。主要な漁場は、日本海本州沿岸の西部と北部（図資1-17a）および太平洋中部・南部（図資1-17b）である。漁獲量は日本海側が常に多く、太平洋側の4倍弱ある。水深100〜200mに分布し、成長に伴い深くなる。年間を通じて産卵する。太平洋側では金華山から日向灘までの水深100〜450mに帯状に分布する。泊原発を除くどの原発の事故も重大な影響をもたらすと考えられる。

18）ヤリイカ

軟体動物門頭足綱ヤリイカ科。胴長45cm，胴幅6cmの細長い円錐状。寿命は1年。背長5cmまでは主にカイアシ類を、6〜14cmでカイアシ類に加えてオキアミ類、17cm前後からは魚類を捕食する。太平洋系群は、岩手県以南の本州太平洋岸沖、四国および九州沿岸にかけて分布（図資1-18）。分布水深は北方で浅く、南方で深い。土佐湾では、底層水温が11〜15℃の水深100〜250mの底層で漁獲される。太平洋岸における産卵場は東北〜九州の沿岸各地にある。対馬暖流系群では産卵期前に南方へ移動し、春期には北方へ移動する。日本のどの原発の事故も重大な影響をもたらすと考えられる。

19）ズワイガニ

クモガニ科のカニ。甲は丸みを帯びた三角形で，雄は甲幅15cm，歩脚を広げると80cmに達する。冬、美味。周年索餌を行い、底生生物を主体に、甲殻類、魚類、イカ類、多毛類、貝類、棘皮動物などを捕食する。小型個体はゲンゲ類、カレイ類、ヒトデ類およびマダラなどに捕食される。寒流域に分布するが、日本海系群、太平洋北部系群からなる。日本海での分布は、大陸棚斜面の縁辺部および日本海中央部の大和堆で、水深200〜500mに多い（図資1-19a）。日本海沿岸の最重要な底魚資源で、石川県から鳥取県に至る底びき網漁業では、水揚げの7割を占める。一方、青森県〜茨城県では水深150〜750mに分布している（図資1-19b）。福島原発事故により福島県の漁業が休止する前の1995〜2010年の漁獲量は107〜353トンで、日本海に比べて少ないものの、福島県の沖合底びき網の漁獲量は太平洋北部海域で漁獲されるズワイガニの65〜99%を占めていた。

図資 1-18　ヤリイカ太平洋系群の分布域

図資 1-19a（左）　ズワイガニ日本海系群の分布域
図資 1-19b（右）　ズワイガニ太平洋北部系群の分布域

分布域から伊方、浜岡原発を除きどの原発の事故も重大な影響をもたらすことになると考えられる。

2. 東シナ海から日本海に関わる魚種

1）アマダイ

スズキ目アマダイ科の海水魚の総称。全長30～50cmに達し、体はやや長く側扁する。主に魚類、甲殻類、多毛類を摂餌し、頭足類、貝類、棘皮動物も捕食する。南日本からフィリピン、インド洋にわたって分布し、水深50～300mのやや深い砂泥底にすむ（図資2-1）。対馬海峡域から日本海南西海域が主漁場で、山口県や長崎県の延縄漁業で漁獲される。この図では省いているが、青森県付近まで分布している。大きな移動はしない。産卵期は7～10月。分布域から、川内、玄海、島根など日本海側の全原発の事故が強く影響すると考えられる。

2）キダイ

スズキ目タイ科キダイ亜科。黄色を帯びた美しい淡紅色で、体は卵形で強く側扁する。全長40cmに達する。主な餌は甲殻類。本州中部以南から東シナ海などの暖水域に広く分布する（図資2-2）。東シナ海においては大陸棚縁辺部の水深100～200m以浅に多く分布する。大規模な回遊はせず、夏季は浅みに、冬季は深みにという深浅移動を行う。五島西沖～済州島、沖縄北西の大陸棚縁辺で産卵すると考えられている。漁獲の主体は底びき網、延縄、釣りで、島根・山口・長崎県の漁獲量が多い。分布域から、川内、玄海、島根原発の事故が強く影響すると考えられる。

3）タチウオ

スズキ目タチウオ科。全長約1.5m。体は細長く、うろこがなく、銀白色で歯は鋭い。海中では頭を上にして、直立している。寿命は8歳程度。小型個体は小型甲殻類を捕食することが多く、中・大型個体は、カタクチイワシ、キビナゴ等の小型魚類を捕食し、成長に伴い魚食性が強くなる。北海道以南の日本各地沿岸域から東シナ海に分布する（図資2-3）。生活史を通して大きな回遊をしない。産卵盛期は春と秋に分かれ、日本海西部海

図資 2-1　アマダイの分布域

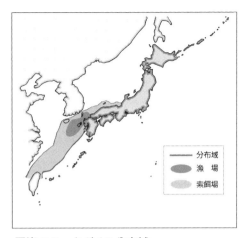

図資 2-2　キダイの分布域

図資 2-3　タチウオの分布域

域（若狭湾）では秋生まれが多く、東シナ海および紀伊水道では春生まれ
が多い。分布域から、川内、玄海から日本海側の全原発、及び伊方原発の
事故が強く影響すると考えられる。

4）サワラ

スズキ目サバ科。体は細長く側扁し、スマートな体形を有する。全長
1m。群生し、通常は表層に生息するが、冬季には深みに移動するほか、
水平的にもかなり移動する。5～7月ごろ内湾に来遊して産卵する。魚食
性が非常に強い。分布は、東シナ海から黄海、渤海、さらに北海道以南の
日本海に及ぶ（図資2-4）。福建省沿岸に産卵場があり、揚子江河口に達し
た後、北上回遊する。主漁期は春季。川内、玄海から日本海側の全原発、
及び伊方原発の事故が強く影響すると考えられる。

5）ウマヅラハギ

フグ目カワハギ科。体は長楕円形で側扁する。吻が長いのがウマを連
想させ、名前の由来になっている。全長30cmに達する。寿命は10歳位。
餌は、カイアシ類、貝類、エビ・カニ類、魚類、ヨコエビ類、ウニ類、ヒ
トデ類、珪藻類および紅藻類などで、幅広い。日本海周辺および東シナ海、
黄海に分布（図資2-5）。成魚は沿岸に生息し大きな群れをつくり、夏季（5
～7月）に沿岸部で産卵、11月頃からやや深部へ移動する。分布域から、
川内をはじめ東シナ海、日本海に関わる原発の事故はすべて強く影響する
と考えられる。

6）トラフグ

フグ目フグ科。体の背面と腹面に小棘がある。全長は70cmに達し、食
用になるフグ類のなかでは大形種。肝臓、卵巣に強毒があり、毒性は12
月～翌年6月に強くなる。仔魚後期までは動物性プランクトン、稚魚は小
型甲殻類、生魚は魚類、エビ、カニ類を捕食する。東シナ海では底延縄で
漁獲される。

日本海、東シナ海、黄海及び瀬戸内海に分布する（図資2-6）。産卵期は
3～5月。春に発生した稚魚は産卵場周辺を生育場とし、成長に伴い移動

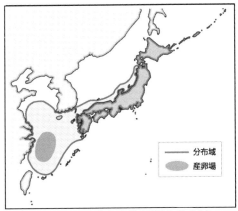

図資 2-4　サワラ東シナ海系群の分布域

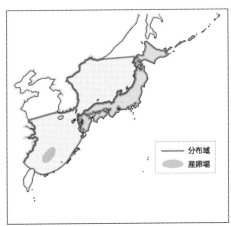

図資 2-5　ウマヅラハギの分布域

図資 2-6　トラフグの分布域

する。主な産卵場は、七尾湾、若狭湾、福岡湾、八代海、関門海峡周辺、布刈瀬戸、及び備讃瀬戸とされる。分布域から、川内、玄海、島根、若狭湾4原発、志賀、柏崎、そして伊方原発の事故は強く影響すると考えられる。

7）ケンサキイカ

軟体動物門ジンドウイカ科。外見はヤリイカに似るが、腕は強く太く、外套膜も太めである。外套長35cmぐらいになり、寿命は1年。小型の魚類、甲殻類、軟体類を捕食する。春先になると沿岸に寄り、指状の寒天質の袋に入れた卵を海底に産み付ける。青森県以南の日本周辺からフィリピンまでの大陸棚上に広く分布する（図資2-7）。日本海南西部には2つの回遊経路を持つ群れが存在する。一つは九州西岸沖で越冬し、春〜初夏に北上し、秋以降南下して越冬場へ回帰する。もう一つは日本海南西海域の陸棚上に越冬場をもつ群れである。川内、玄海、島根、若狭湾4原発の事故は強く影響すると考えられる。

3. 太平洋・日本海北部から北海道に関わる魚種

1）スケトウダラ

タラ科。体はマダラに似るが細長い。卵巣の塩漬けは「たらこ」。全長約80cm。寿命は明らかでないが、稀に20歳を越える個体がいる。餌は、オキアミ類、小型魚類、イカ類、底生甲殻類および環形動物など。捕食者は、マダラ、アブラガレイ及びイトヒキダラなど。重要な底魚資源の一つで4群あるが、原発と深く関係するのは太平洋系群と日本海北部系群である。日本海北部系群は、能登半島からサハリンの西岸にかけて分布する（図資3-1a）。主な産卵場は岩内湾および檜山海域の乙部沖で、産卵期は12月〜3月。太平洋系群（図資3-1b）は常磐から北方四島にかけて分布し、主な産卵場は噴火湾周辺で、金華山周辺や道東海域にもあると見られる。分布域から、日本海側の志賀原発から北、太平洋側の東海原発から北の全原発事故は強く影響すると考えられる。特に泊原発の面する岩内湾、女川原発に近い金華山沖が産卵場であることは注意を要する。

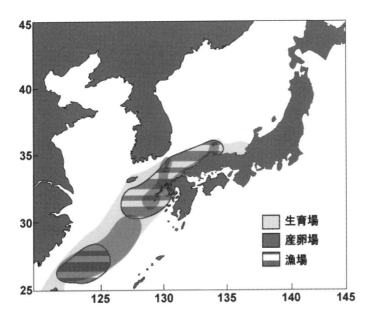

図資 2-7 ケンサキイカの分布域

図資 3-1a (左)　スケトウダラ日本海北部系群の分布域
図資 3-1b (右)　スケトウダラ太平洋系群の分布域

2）ニシン

ニシン目ニシン科。体は長く、マイワシに似るが体側に黒点がない。全長約30cm。春季、産卵のために群れをなして接岸する。卵は数の子。魚類、オキアミ類、カイアシ類および魚類の卵稚仔を捕食し、大型魚類、頭足類および海産ほ乳類などに捕食される。

北海道周辺の全域に分布し、沖合を回遊する（図資3-2）。南限は太平洋側で浜名湖、日本海側で富山県とされていたが、近年は山陰沖での漁獲もみられる。分布域から、日本海側の原発すべて、及び太平洋側も浜岡より北側のすべての原発事故は、強く影響すると考えられる。

3）マダラ

単にタラともよばれ、タラ目タラ科。体は長く、前半部は肥大するが後半は細い。体長約120cmに達する。幼稚魚期はおもにカイアシ類を、底生生活に入ってからは主に魚類、甲殻類、頭足類および貝類を捕食する。冷水性で日本近海では主に北海道周辺海域に分布し、南限は太平洋側で茨城県（図資3-3a）、日本海側では島根県である（図資3-3b）。沿岸から大陸棚斜面にかけて広く生息する。産卵場は分布域全体にわたるが、仙台湾や八戸沖（青森県）のほか、三陸沿岸各地に小規模なものがある。分布域から、日本海側の原発すべて、及び太平洋側も東海より北側のすべての原発事故は、強く影響すると考えられる。

4）キアンコウ

アンコウ目アンコウ科。体は黄色味を帯びた褐色で、頭は著しく大きく、平たい。茨城県や福島県では冬季の鍋料理の材料として特に珍重されている。主に魚類、イカ・タコ類、甲殻類などを食べる。関東地方以北では青森県〜千葉県沿岸に分布し、水深30〜400mの大陸棚から陸棚斜面の海底に生息している（図資3-4）。仙台湾周辺では11月頃から接岸を始め、2〜6月に水深80m以浅に濃密な分布をする。5〜6月に100m以浅に来て産卵する。分布域から、東通、女川、福島、東海の各原発の事故は、強く影響すると考えられる。

図資 3-2　日本周辺におけるニシンの分布域

図資 3-3a (左)　マダラ太平洋北部系群の分布域
図資 3-3b (右)　マダラ日本海系群の分布域

図資 3-4　キアンコウの分布域

5）キチジ

カサゴ目フサカサゴ科。頭に多数の鋭い棘が並ぶ。体は朱赤色で、目が著しく大きい。東北地方や北海道では「赤もの」と称され、浜値が3,000円/kgを超え、魚価も高い。クモヒトデ類、ヨコエビ類、オキアミ類、エビ・カニ類、多毛類、及び魚類等を食べる。捕食者はマダラやアブラガレイ。水深350〜1,300m付近のやや深海に生息し、銚子以北の太平洋岸沖（図資3-5a）と北海道の道南・道東（図資3-5b）で漁獲される。東通、女川、福島、東海の各原発事故は、強く影響すると考えられる。

6）ホッケ

カサゴ目アイナメ科。体色は雄が青っぽく、雌は茶色っぽい。仔魚期には主にカイアシ類を、未成魚期にはヨコエビ類を多く捕食する。岩礁周辺に定着するようになると、魚類、魚卵、イカ類、エビ類、ヨコエビ類、オキアミ類などさまざまな種類の動物を食べる。北海道の近海周辺は、どこにも分布するが、特に積丹半島付近より北側の北海道日本海側（図資3-6）、渡島半島、噴火湾などに分布がある。産卵場は北海道渡島半島西岸および奥尻島沿岸の水深20メートル以浅の岩礁域に形成される。泊、東通原発の事故が強く影響すると考えられる。

7）ハタハタ

スズキ目ハタハタ科。体は細長く、強く側扁し、腹部がやや突出している。全長30cmに達し、寿命は5歳。水深150〜400mの深海の砂泥底にすみ、砂に潜る習性がある底魚である。成魚の主な餌はニホンウミノミで、その他、オキアミ類、イカ類、魚類が多い。大型魚類に捕食される。日本海沿岸のほぼ全域、及び東北地方以北の北太平洋に広く分布する。秋田県では「県の魚」に指定されている。日本海北部系群（図資3-7a）は、能登半島から津軽海峡にかけて分布する。11月下旬、青森県から山形県の水深2、3メートルの沿岸の藻場に産卵のため群れをなして押し寄せる。産卵終了後、親魚は産卵場を離れ、春季にかけて新潟県の沖にまで南下し漁場を形成する。12月に産み付けられた卵は、2〜3月中旬にかけてふ

218　資料：主要魚種の分布・回遊と生活史

図資 3-5a (左)　太平洋北部におけるキチジの分布域
図資 3-5b (右)　道東・道南におけるキチジの分布域

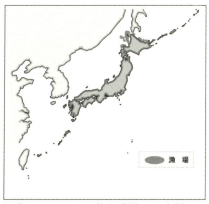

図資 3-6　ホッケ道北系群の分布域

図資 3-7a (左)　ハタハタ日本海北部系群の分布域
図資 3-7b (右)　ハタハタ日本海西部系群の分布域

化する。ふ化後、稚魚は全長5〜6cmとなる6月まで砂浜域で生育する。日本海西部系群（図資3-7b）は、秋田県など日本海北部生まれ群と朝鮮半島東岸生まれ群の双方の成育場となることから、両群の影響を強く受けている。日本海に関わる全ての原発事故が影響すると考えられる。

8）サケ類

　サケ目サケ科。体は長い紡錘形で、尾びれ近くに脂びれがある。肉は淡紅色で美味。卵はイクラである。全長約1m。北太平洋を広く回遊し、河川に上って産卵する。産卵期の雄は吻が鉤状に曲がるので、俗に鼻曲がりとよばれる。サケは、成長段階に応じて、淡水、海水、淡水と生活の場を変える（図資3-8）。海は、水温が安定していて、餌が豊富な点で河川よりも優れている。動物プランクトンや小型魚類、イカ類などを捕食し、著しく成長する。サケの海洋生活期間は、短いもので1〜2年（サクラマス、カラフトマス）、長いもので2〜8年（シロサケ、マスノスケ）に及ぶ。初夏までに日本沿岸を離れた幼魚はオホーツク海南部に晩秋まで滞在し，北太平洋西部で最初の越冬をする．翌年6月までにベーリング海へ移動し，未成魚や成魚と合流する．11月頃に未成魚は 北太平洋東部（アラスカ湾）に移動し春まで越冬する．そして成熟した魚はベーリング海から離れて9〜12月頃に産卵のため、日本沿岸の母川に回帰すると推定されている．実に北太平洋規模で回遊をしているのである。泊、柏崎、東通、女川、福島の各原発事故が影響すると考えられる。

9）ホッコクアカエビ

　タラバエビ科。多量に漁獲され、最近ではアマエビの名が通りがよく、刺身、すし種としてなじまれる。体長9cmほど。推定寿命は約11歳。微小な甲殻類、貝類、多毛類を餌とする一方、マダラ、スケトウダラ等の底魚類に捕食される。主産地である日本海では鳥取県から北海道沿岸にかけた水深200〜950mの深海底に生息する（図資3-9）。浮遊幼生期を終えて着底した稚エビは、成長に伴い400〜600mの深みへ移動する。概ね3歳（頭胸甲長18mm前後）から漁獲対象に入り、石川県、新潟県、福井県の水揚げが多い。産卵期は2〜4月。分布域から日本海に関わる全ての原発事

220　　資料：主要魚種の分布・回遊と生活史

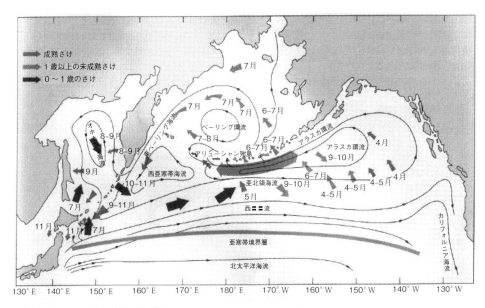

図資 3-8　さけの回遊経路模式図 (米倉、1975; 上野、1998)。
http://www2.pref.iwate.jp/~hp5507/sake/kaiyuukeiro.htm

図資 3-9　ホッコクアカエビの分布域

故が影響すると考えられる。

10）ベニズワイガニ

「松葉ガニ」「越前ガニ」で知られるズワイガニの近縁種。ズワイガニと違い、ゆでなくても赤い。寿命は 10 年以上。イカ類の他、エビ類、カニ類（共食い含む）、ヨコエビ類などの甲殻類、微小貝類及び小型魚類等を捕食する。大型の個体はツチクジラなどに捕食される。北海道から島根県沖にかけての日本海及び銚子以北の本州太平洋沿岸の深海に生息する（図資3-10）。日本海では、水深 500m から 2700m の水深帯に広く分布し、分布の中心は水深 1000 ～ 2000m。浮遊幼生期を経て、甲幅 3 ～ 4mm の稚ガニに変態して着底生活に入る。雄が漁獲対象（甲幅90mm 超）に達するのに 9 ～ 11 年、雌が成熟するまでに 7 ～ 8 年を要する。分布域から日本海に関わる全ての原発事故が影響すると考えられる

4．瀬戸内海に関わる魚種

1）カタクチイワシ

資料第 1 節、2）で記したが、瀬戸内海では、太平洋南区春季の発生群と内海発生群が混合している（図資4-1）。3 ～ 5 月に薩南海域から土佐湾で生まれ、黒潮によって輸送される際、その一部が瀬戸内海に来遊する。春から秋に瀬戸内海で成長し、外海へ出て越冬し、翌春産卵する。一方、内海発生群は春から秋に瀬戸内海の各海域で生まれ、内海で成長する。大部分は外海へ出て越冬し、翌春、瀬戸内海に来遊して産卵する。

2）イカナゴ

スズキ目クニギス亜目イカナゴ科。紡錘形で細長い。さまざまな地方名が有る。体長 25cm 前後になる。寿命は 2 ～ 3 年。餌はカイアシ類を主とした動物プランクトン。仔稚魚期には多様な浮魚類やヤムシ類に、未成魚および成魚期にはヒラメ等多くの底魚類に捕食される。沖縄を除く日本各地の沿岸に分布するが、瀬戸内海は日本における主要なイカナゴ漁場の 1 つである（図資4-2）。生息場所は底質が砂や砂礫からなる海域に限られる。

222　　資料：主要魚種の分布・回遊と生活史

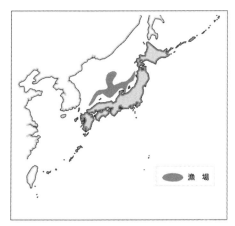

図資 3-10　ベニズワイガニの分布域

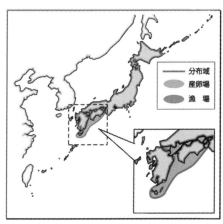

図資 4-1　瀬戸内海のカタクチイワシの
　　　　　分布と生活史

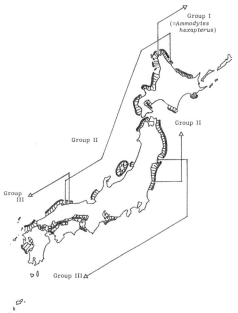

図資 4-2　日本周辺におけるイカナゴの分布
出典：橋本博明（1991）；「日本産イカナゴの資源生態学的
　　　研究」、広島大学生物生産学部、30 巻 2 号。

そのため回遊範囲は比較的狭い。内湾で成長しながら過ごした稚魚は湾奥から湾口へ移動し、成長とともに分布水深は次第に深くなる。水温が高くなる6月頃から砂に潜り、ほとんど活動しない夏眠と呼ばれる状態となり、12～1月の産卵期まで続く。瀬戸内海では海砂採取により現在では夏眠に適した場所が減少している。孵化した後の浮遊仔魚は、潮流によって輸送される。6月に入ると体長約10cmとなり夏眠が始まるため、漁獲は夏眠前の個体に限られる。

3）マダイ

資料第1節12）で記述したが、瀬戸内海のマダイは、体長10cm前後の幼魚期までは産卵場に近い成育場で生息し、成長に伴って生息範囲を拡大する。そして、大阪湾、播磨灘、備讃瀬戸の全域及び紀伊水道、更に中西部においても燧灘、備後芸予瀬戸、安芸灘、伊予灘、周防灘の全域及び豊後水道へと分布が広がる（図資4-3）。産卵期は春季で、紀伊水道、大阪湾、播磨灘では4月中旬～5月上旬、瀬戸内海中央部の備讃瀬戸では5月中旬～6月中旬である。

4）サワラ

資料第2節4）に記したが、瀬戸内海における最も重要な魚種のひとつである（図資4-4）。3～4月に東西の紀伊水道、及び豊後水道から内海側の播磨灘～安芸灘に親魚が産卵回遊する。秋季には両水道域から外海に向けて越冬回遊する。産卵期は5～6月で、播磨灘、備讃瀬戸、燧灘、そしてやや遅れて安芸灘で始まる。主産卵場は燧灘西側一帯の瀬、播磨灘の鹿ノ瀬、室津ノ瀬、備讃瀬戸の中瀬などに形成される。

5）ヒラメ

資料第1節13）に記したが、春に瀬戸内海で生まれた仔稚魚は、ごく沿岸域で成長し、徐々に沖合に拡がるが、未成魚期まで瀬戸内海に分布する。成魚になると、瀬戸内海に留まるものと外海へ出るものとがあり、出る場合は紀伊水道、豊後水道へ向かう（図資4-5）。産卵場は、山口県周防灘及び伊予灘、愛媛県斎灘、燧灘西部及び島嶼部、徳島県の太平洋海域

224　　資料：主要魚種の分布・回遊と生活史

図資 4-3　瀬戸内海におけるマダイの分布と生活史

図資 4-4　瀬戸内海におけるサワラの分布

図資 4-5　瀬戸内海におけるヒラメの分布

に分散している。産卵期は東部海域では2〜5月、中西部海域では3〜6月である。

　第4節、1）〜5）は、どれも伊方原発で事故があれば、甚大な影響を受けることになる。

［著者略歴］

湯浅　一郎（ゆあさ　いちろう）

　1949年東京都生まれ。東北大学理学部卒。同大学院修士課程修了。1975年、旧通産省・中国工業技術試験所（呉市）に入所。2009年まで瀬戸内海の環境汚染問題に取り組む。元産業技術総合研究所職員。専門は海洋物理学、海洋環境学。理学博士。

　1971年から科学技術（者）の社会的あり方を問う契機として、女川原発を皮切りに、芸南火電、松枯れ農薬空中散布、海洋開発など多くの公害反対運動に関わる。1984年の核トマホーク配備反対を契機に、ピースリンク広島・呉・岩国（1989年）、核兵器廃絶をめざすヒロシマの会（2001年）の結成に参加。2008～2015年、NPO法人ピースデポ代表。現在、副代表。環瀬戸内海会議共同代表。辺野古土砂搬出反対全国連絡協議会顧問。

　【著書】『海・川・湖の放射能汚染』、『海の放射能汚染』（共に緑風出版)、『科学の進歩とは何か』（第三書館)、『平和都市ヒロシマを問う』（技術と人間）など多数。

JPCA 日本出版著作権協会
http://www.e-jpca.jp.net/

＊本書は日本出版著作権協会（JPCA）が委託管理する著作物です。
　本書の無断複写などは著作権法上での例外を除き禁じられています。複写（コピー）・複製、その他著作物の利用については事前に日本出版著作権協会（電話03-3812-9424, e-mail:info@e-jpca.jp.net）の許諾を得てください。

原発再稼働と海
<ruby>原<rt>げん</rt></ruby><ruby>発<rt>ぱつ</rt></ruby><ruby>再<rt>さい</rt></ruby><ruby>稼<rt>か</rt></ruby><ruby>働<rt>どう</rt></ruby>と<ruby>海<rt>うみ</rt></ruby>

2016 年 7 月 31 日　初版第 1 刷発行　　　　　　定価 2800 円＋税

著　者　湯浅一郎 ©
発行者　高須次郎
発行所　緑風出版
　　　　〒 113-0033　東京都文京区本郷 2-17-5　ツイン壱岐坂
　　　　［電話］03-3812-9420　［FAX］03-3812-7262 ［郵便振替］00100-9-30776
　　　　［E-mail］info@ryokufu.com ［URL］http://www.ryokufu.com/

装　幀　斎藤あかね
制　作　閏月社　　　　　　印　刷　中央精版印刷・巣鴨美術印刷
製　本　中央精版印刷　　　用　紙　大宝紙業・中央精版印刷　　　　　　E1500

〈検印廃止〉乱丁・落丁は送料小社負担でお取り替えします。
本書の無断複写（コピー）は著作権法上の例外を除き禁じられています。なお、
複写など著作物の利用などのお問い合わせは日本出版著作権協会（03-3812-9424）
までお願いいたします。
Ichiro　YUASA© Printed in Japan　ISBN978-4-8461-1612-5　C0036

原発閉鎖が子どもを救う

乳歯の放射能汚染とガン

ジョセフ・ジェームズ・マンガーノ著／戸田清、竹野内真理訳

A5判並製
二七六頁
2600円

平時においても原子炉の近くでストロンチウム90のレベルが上昇する時には、数年後に小児ガン発生率が増大すること、ストロンチウム90のレベルが減少するときには小児ガンも減少することを統計的に明らかにした衝撃の書。

放射性廃棄物

原子力の悪夢

ロール・ヌアラ著／及川美枝訳

四六判上製
二三二頁
2300円

過去に放射能に汚染された地域が何千年もの間、汚染されたままであること、使用済み核燃料の「再処理」は事実上存在しないこと、原子力産業は放射能汚染を「浄化」できないのにそれを隠していることを、知っているだろうか？

終りのない惨劇

チェルノブイリの教訓から

ミシェル・フェルネクス／ソランジュ・フェルネクス／ロザリー・バーテル著／竹内雅文訳

四六判上製
二一六頁
2200円

チェルノブイリ原発事故による死者は、すでに数十万人ともいわれるが、公式の死者数を急性被曝などの数十人しか認めない。IAEAやWHOがどのようにして死者数や健康被害を隠蔽しているのかを明らかにし、被害の実像に迫る。

脱原発の市民戦略

真実へのアプローチと身を守る法

上岡直見、岡將男著

四六判並製
二七六頁
2400円

脱原発実現には、原発の危険性を訴えると同時に、原発は電力政策やエネルギー政策の面からも不要という数量的な根拠と、経済的にもむだだということを明らかにすることが大切。具体的かつ説得力のある脱原発の市民戦略を提案する。

世界が見た福島原発災害

海外メディアが報じる真実

大沼安史著

四六判上製
二七六頁
1700円

福島原発災害は、東電、原子力安全・保安院など政府機関、テレビ、新聞による大本営発表、御用学者の楽観論で、真実をかくされ、事実上の報道管制がひかれている。海外メディアを追い、事故と被曝の全貌と真実に迫る。

脱原発の経済学

熊本一規著

四六判上製
二三三頁
2200円

脱原発すべきか否か。今や人びとにとって差し迫った問題である。原発の電気がいかに高く、いかに電力が余っているか、いかに地域社会を破壊してきたかを明らかにし、脱原発が必要かつ可能であることを経済学的観点から提言する。

放射線規制値のウソ
真実へのアプローチと身を守る法
長山淳哉著

四六判上製
一八〇頁
1700円

福島原発による長期的影響は、致死ガン、その他の疾病、胎内被曝、遺伝子の突然変異など、多岐に及ぶ。本書は、化学的検証の基、国際機関や政府の規制値を十分の一すべきであると説く。環境医学の第一人者による渾身の書。

プロブレムQ&A
むだで危険な再処理
[いまならまだ止められる]
西尾　漠著

A5判並製
一六〇頁
1500円

高速増殖炉開発もプルサーマル計画も頓挫し、世界的にみても危険でコストのかさむ再処理はせず、そのまま廃棄物とする直接処分が主流になっているのに、「再処理」をなぜ強行しようとするのか。本書は再処理問題をQ&Aでやさしく解説。

プロブレムQ&A
どうする？ 放射能ごみ
[実は暮らしに直結する恐怖]
西尾　漠著

A5判並製
一六八頁
1600円

原発から排出される放射能ごみ＝放射性廃棄物の処理は大変だ。再処理をするにしろ、直接埋設するにしろ、あまりに危険で管理は半永久的だからだ。トイレのないマンションといわれた原発のツケを子孫に残さないためにはどうすべきか？

プロブレムQ&A
なぜ脱原発なのか？
[放射能のごみから非浪費型社会まで]
西尾　漠著

A5判並製
一七六頁
1700円

暮らしの中にある原子力発電所、その電気を使っている私たち……。原発は廃止しなければならないか、増え続ける放射能のごみはどうすればいいか、原発を廃止しても電力の供給は大丈夫か——暮らしと地球の未来のために改めて考えよう。

低線量内部被曝の脅威
[原子炉周辺の健康破壊と疫学的立証の記録]
ジェイ・M・グールド著／肥田舜太郎他訳

A5判上製
三八八頁
5200円

本書は、一九五〇年以来の公式資料を使って、全米三〇〇〇余の郡の内、核施設に近い約一三〇〇郡に住む女性の乳癌リスクが極めて高いことを立証して、レイチェル・カーソンの予見を裏付ける。福島原発災害との関連からも重要な書。

クリティカル・サイエンス②
核燃料サイクルの黄昏
緑風出版編集部編

A5判並製
二四四頁
2000円

もんじゅ事故などに見られるように日本の原子力エネルギー政策、核燃料サイクル政策は破綻を迎えている。本書はフランスの高速増殖炉解体、ラ・アーグ再処理工場の汚染など、国際的視野を入れ、現状を批判的に総括したもの。

◎緑風出版の本

■全国のどの書店でもご購入いただけます。
■店頭にない場合は、なるべく書店を通じてご注文ください。
■表示価格には消費税が加算されます。

海の放射能汚染

湯浅一郎著

A5判上製
一九二頁

2600円

福島原発事故による海の放射能汚染を最新のデータで解析、また放射能汚染がいかに生態系と人類を脅かすかを、惑星海流と海洋生物の生活史から総括し、明らかにする。海洋環境学の第一人者が自ら調べ上げたデータを基に平易に説く。

海・川・湖の放射能汚染

湯浅一郎著

A5判上製
二三六頁

2800円

3・11以後、福島原発事故による海・川・湖の放射能汚染は止まることを知らない。山間部を汚染した放射性物質は河川や湖沼に集まる。海への汚染水の流出も続き、世界三大漁場を殺しつつある。データを解析し、何が起きているかを立証。

原発は滅びゆく恐竜である

——水戸巌著作・講演集

水戸巌著

A5判上製
三三八頁

2800円

原子核物理学者・水戸巌は、原子力発電の危険性を力説し、彼の分析の正しさは、福島第一原発事故で悲劇として、実証された。彼の文章から、フクシマ以後の放射能汚染による人体への致命的影響が驚くべきリアルさで迫る。

原発の底で働いて

——浜岡原発と原発下請労働者の死

高杉晋吾著

四六判上製
二一六頁

2000円

浜岡原発下請労働者の死を縦糸に、浜岡原発の危険性の検証を横糸に、そして、3・11を契機に、経営者の中からも上がり始めた脱原発の声を拾い、原発のない未来を考えるルポルタージュ。世界一危険な浜岡原発は、廃炉しかない。

チェルノブイリと福島

河田昌東 著

四六判上製
一六四頁

1600円

チェルノブイリ事故と福島原発災害を比較し、土壌汚染や農作物、飼料、魚介類等の放射能汚染と外部・内部被曝の影響を考える。また放射能汚染下で生きる為の、汚染除去や被曝低減対策など暮らしの中の被曝対策を提言。